害羞業務員，銷售冠軍的說話公式

5分鐘講完の說服話術筆記本

人見知り社員がNo.1営業になれた私の方法

長谷川千波◎著
卓惠娟◎譯

序言

個性害羞的人，也能成為業務高手！

外向、溝通能力好的人，在職場比較吃香？

我在研討會或企業研習的現場，常聽到很多人說：「我個性很內向（或是口才不好），所以不適合和客戶來往……。」

確實，公司行號傾向錄用「個性開朗、擅長交際」的人。這一點也可以從統計資料看得出來，根據日本經濟團體聯合會每年發表的「應屆畢業生錄用之問卷調查」顯示，選才時最重視的條件，「溝通能力」連續七年都壓倒性地高居第一。即使在轉職市場，具備同等專業技術的狀況下，以溝通能力做為「決定性勝負」的情形更是司空見慣。

求職面試、投遞履歷時，你是否也會在履歷表上的自傳及應徵動機及志向欄寫下

「我個性很外向……」、「我喜歡與人接觸」呢？

不過，因地域文化的不同，和歐美相比，亞洲人的個性較為內向，「打從心底喜歡與人接觸！」這種人真的很多嗎？事實上，拙於言詞、個性害羞以致對溝通能力缺乏自信的人反而佔大多數！

「我很不擅長需要隨機應變的對話，尤其是和比我年長的人在一起時更嚴重。我口才差又內向，但因為目前企業只有招募業務人員，所以想挑戰看看。」

或許這才是求職者內心真正的想法，但是，實際情況中，勉強進入公司後，覺得「上班好辛苦」的人應該不在少數。**業務工作一點也不開心，一開始就抱持「我應該不適合吧」的想法，當然會感到很痛苦！**

客戶購買產品，是因為銷售員？錯了！

他們所閱讀的業務書籍（成為「賣得出去」的業務員），都是強調「客戶不是購買商品，而是購買銷售商品的人」。然而，**強調向客戶銷售自己的結果，也造成因此缺乏自信，認為「反正我根本做不到」的人似乎相當多。**

我想告訴你一個真相：**口才差、內向的人，在業務工作上往往能大放異彩。**你問我為什麼？正因為內向、口才差，才適合從事業務工作！

雖然我不是人資的專家，不過，長期以來從事業務工作，曾和數千名新進人員共同工作的經驗，我可以很肯定的說，新進員工面試當時給公司的印象及行為舉止，和他們在職場上面對同事、上司和客戶的實際狀況，有很大的差異！

經年累月重複的經驗中，我得到一個結論：口才不好、害羞、不擅與人來往的人當中，蘊藏著鑽石的原石。因此，我敢斷言，**「業務，就是對客戶銷售自己」的建議，根本就大錯特錯！**

在要求嚴謹的大公司，獲得業績第一

過去二十年的職業生涯，我都在中央出版及其集團公司的業務部門服務。中央出版負責製作幼兒到高中階段的教材，是一家從製作、銷售到學校營運，在教育領域中的經營相當廣泛的公司。

這家公司的業務部門工作辛苦是有名的，甚至有人稱它為「血汗公司」。在搜尋網站查詢時，只要輸入「中央出版」，就會出現關鍵字「中央出版　血汗」的選項。之所以出現這樣的風評，大概是因為工作辛苦、業績壓力、人員離職率高的緣故吧？（不過仍要強調一下，我雖然也有很多辛苦的經驗談，但其實這是一家很好的公司，否則我不會一待就是二十年）

我進入公司之際，正好是公司快速成長的時期，全日本的員工人數從兩千名快速增加，集團整體人數超過五千名。我當時隸屬中學生教材業務部門，業績拿到第一名。

之後，我晉升為營業所長，加上以大阪為據點的關西地區擔任業務經理的期間一併計算的話，共計十四年。雖然也曾待過集合了「業績低迷員工」的單位，但是我的工作小組，總是可以在公司的業務競賽名列前茅，更培育了許多個人業績競賽成績斐然的業務員。

害羞業務員，也能成為銷售高手！

「那種魔鬼業務公司的頂尖推銷員，而且還是營業所長？一定是非常咄咄逼人、可怕的女人吧？」

光看我經歷的人，似乎會有這種先入為主的想法。不過，和我在私底下、非公事場合見面的人，大家卻都這麼說：

「長谷川小姐，該不會其實……口才不好吧？」

「你不是待過恐怖到連大哭的孩子也會安靜下來的中央出版嗎？我還以為你會更像魔鬼班長，沒想到看起來竟然這麼一副怯生生的樣子……」

是的，私底下的我根本口才不好，再加上我很怕生，不會說讓場面輕鬆的俏皮話。剛開始進行電話約訪，突然打電話給陌生人時，甚至因為太緊張一時說不出話來，而被怒罵：「打來卻不出聲，是騷擾電話嗎？」

剛開始取得約訪前往拜訪客戶時，也因為不知道怎麼閒聊覺得很困擾。等待過了預定時間卻遲遲還沒回家的孩子時，我和小朋友的媽媽整整一個小時單獨待在房間裡都沒話聊，搞得氣氛十分尷尬凝重。

此外，數不清有多少次，當工作結束，在輕鬆吃飯喝酒的場合中，對於上司的玩笑話我卻認真地反駁，把氣氛搞得很僵。現在我獨當一面從事業務顧問工作，在人前演講的機會也增加許多，但私底下仍和過去一樣拙於言詞。

因為這種個性，可想而知我當然不是一開始就想從事業務。我沒有高學歷，十六歲就從高中輟學，尋找無學歷資格限制的公司時，錄用我的就是中央出版，而且，在中央出版一開始擔任的工作就是業務——換句話說，一切都是「機緣湊巧」。

我剛進公司的前兩年，從公司角度來看，就是令人困擾的「低業績員工」，產品推銷不出去，士氣又不高，甚至被列入裁員候補名單之列；這樣的我，究竟是如何躋身為頂尖推銷員？過去和我一樣屬於「低業績員工」的部下，又如何搖身一變為優秀員工？讓我告訴各位其中原因吧！

長谷川千波

目錄 Content

第1章 個性內向的人，才是真正的說話高手

說話能力與個性無關，開朗外向的人，在正式上場時反而諸事不順！

第2章

「業績掛零」的人，如何大翻身？

被拒絕、遭白眼、想辭職……不想這樣下去，該怎麼改變現況？

第3章

塑造「另一張臉」，人人都能成為說話高手！

善用自己的正面特質，讓客戶說出真心話，定單就是你的

第4章

5分鐘講完！成交率突破9成的說服話術劇本

掌握「消費者行為」，人人都能成為銷售冠軍

第5章

業績女王親授祕訣，糟糕社員也能變身王牌業務！

徹底解決業務員常見瓶頸，全新的話術視點，不再錯失成交機會！

第1章

個性內向的人，才是真正的說話高手

說話能力與個性無關，開朗外向的人，在正式上場時反而諸事不順！

原因1

「很會說話」的人，容易有挫折感

職場上的說話術，和平常與人聊天交際時完全不同

會說話的人適合當業務員？我不這麼認為。**口才差、怕生的人其實才是蘊藏「鑽石的原石」**，態度誠懇，憨厚老實，「對自己的溝通能力欠缺自信」的人，反而愈容易說服別人。有些人雖然天生具備業務性格，擅長與人交際，辯才無礙，但卻容易造成反感，無法順利與人溝通。

越是覺得自己很會說話（尤其是剛出社會的新鮮人），越容易突然覺得挫折而離職求去。過去我在公司舉辦應屆畢業生的實習課程時，每年都深切地感受這個現象。剛畢業的新鮮人在業務技巧和專業知識的學習速度差異不大，但是，一開口發言的時候，就很明顯分成「口才流利」和「結結巴巴」的兩種人。

想說的話明明浮現在腦海裡，卻說不出來，為什麼會這樣呢？這是不擅表達的人常

常自問的一個問題。學生時代很會背書的人，並不代表出社會以後表達能力就會很強，事實上這是兩回事。我在多年新人訓練的經驗中就發現，表現愈優異的新人，一旦實際進入職場，卻很快就離職了。

辯才無礙、有膽量的人，竟然上班第一天就離職

白石小姐是一位剛畢業就順利進入公司的女職員，光看人事部的資料敘述，就知道她是個學業成績優異、親和力佳，與公司同事能立刻就打成一片的好員工。她在實習的時候，說話速度最快，表演能力也是一流。

她能即興地以短劇方式表演，就算眾人在一旁圍觀，她卻一點也不怯場，以滑稽的動作把周圍的人逗得哈哈大笑。連講師都悄悄對我說：「她很有膽量，令人期待！」但我卻感到莫名地不安。

果然，我的擔心成真了。正式上班的第一天，她哽咽著在電話中告訴我：「這個工作……我做不來。我想辭職！」

如果只是哭一哭，發洩情緒倒也無所謂。我剛進入職場時也常常哭（說起來實在很

丟臉……），但這位白石小姐連讓我鼓勵她的機會都不給，既然她堅持要辭職，我只好豎白旗投降了。

辦理離職手續的白石，還送給同事和主管一人一條手帕當作餞別禮，對一位剛從學校畢業的新人來說，很少有人能像她這麼細心周到。明明是一個很好、有潛力的女孩，卻無法承受挫折，實在令我覺得非常遺憾。

太會說話的人，因為過於自信，令人討厭

另一位新人是池田，是在不同年度進入公司的員工。同樣在實習第五天左右，由我扮演客戶的角色，和所有新進社員進行角色扮演的練習。

終於輪到最能與人打成一片的池田，設定的案件是「未經事前約訪的上門推銷」，我演客戶，當我向池田提出一些基本的疑問時，他竟從口袋中掏出手帕，明明沒流汗卻開始猛擦臉。我心想，不知道池田又有什麼點子了，正等著看他接下來如何應答，沒想到他說：

「經理（指我），你這時候要吐嘈我：『你以為你是手帕王子（日本職棒選手齋藤

佑樹的綽號。他即使在比賽之中，也一定拿出摺成四四方方的手帕來擦汗）嗎？』」他竟然要求我要像相聲一般地配合吐嘈他，周圍的新人發出笑聲，博得笑聲的他面露得意的神色。

「池田，這完──全不好笑，在客戶面前絕對不可以這麼做喔！」

「欸？這裡是大都市耶，我還以為逗客戶開心比較好……」

很可惜，沒多久後他也辭職了。

為什麼常常被看好的「職場菁英」，竟然這麼經不起挫折呢？難道是這一代的年輕人心靈比較脆弱嗎？不，我不認為是這個因素。

只想「講贏」對方的人，並不能說服別人

答案只有一個，**因為他們很喜歡和客戶「一決勝負」**。這些受訓時表現優秀、平時就外向活潑的新人，對於自己的「人際關係溝通能力」有滿滿的自信，**但是，這和業務戰場上需要的溝通能力，完全是兩回事。**

人際關係溝通和業務需要的溝通之間的差異，**在於業務溝通的最終目標，是要求和**

你沒有任何關係、沒有來往的陌生人，做出向你「購買」的決定。

說得明白點，如果消費者都能樂於主動掏出錢來購買，公司企業根本不需要雇用業務員了。**就是因為要銷售不好賣的商品，業務員才有存在的價值。**商品不好賣，就是因為經手的原本就是不容易賣出去的商品。

因為你並不會一開始就知道那些人會成為你的客戶，所以很容易把所有人都視作推銷目標，但是，認為不需要商品的人，一定會出現這種反應：「不需要你幫我解決問題」、「我用哪一家的商品，有必要告訴你嗎？」

經歷過幾次無情的「拒絕」之後，你越是一個自以為「很有能力的人」，可能精神上越吃不消。更何況，萬一被對方當面拒絕、且用力把門關上，想必打擊更大。

即使並非如此，在推銷現場碰見的客戶，真的是形形色色，什麼樣的人都有。**若是你真的想做「像自己」的工作，不要赤裸裸地表現你自己，避免輕易地受到傷害是一大關鍵。**那麼應該怎麼做呢？我認為不管任何一行的業務員，都應該有一張為了推銷而戴上的「面具」。

原因 2

工作時，應該戴上專業的「說話面具」

工作和真實生活，本來就是兩回事

人類會因為時間、場所及場合的不同，分別使用不同的面具。

比方說，我有個女性朋友，她在工作上說話的口吻，總是口齒清晰、果斷堅定，表現出幹練的女強人印象。不過，她一回到家，就會換上有凱蒂貓圖案的家居服，用娃娃音和疊字跟飼養的小狗說話：「小比鼻最可愛了！親親～」

另外，有某位男士在公司聚餐時，總是負責炒熱氣氛，開朗又平易近人，但一回到家，對家人卻總是極為冷淡。

人人都應該依時間和場合戴上不同的「面具」

姑且不論好壞，不管是哪一張面具，都是同一個人。心理學上把這種人類在面對不同情境時採取的不同應對模式，稱作「人格面具（Persona）」。

人格面具並不代表虛偽，因為形成人格面具的素材，都是當事人內心原本就有的東西。例如私下個性不開朗，但是在業務場合對客戶卻能談笑風生，**這是當事人原本就具備的特質，只是平時不太輕易表現出來這些「受歡迎的特質」**。（我不是心理專家，在這裡不講「人格面具」，而是以**「面具」**或**「扮演」**來代替）。

那麼，業務應該使用的「面具」，是什麼樣的面具呢？在工作時，戴上的面具必須是自己想成為的某個人物、或是想具備某個形象的特色。從事業務工作時，必須運用自如地戴上這樣的面具，或是扮演這樣的角色。

真正懂得溝通的人，都是「心思細膩」且善解人意

「我可以了解你要說的……但是，扮演另一個角色，不累嗎？」

有些人或許對於「人格面具」、「扮演」這樣的用詞，感到不自在。事實上正好相反，**就是為了避免疲倦，才必須找到業務使用的「面具」**。

前面提過「推銷產品，就是銷售你（業務員）這個人」，這句話大錯特錯。原因

是，抱持這種想法工作、行銷產品，**每當遭受拒絕時，就會認為「自己是個差勁的人」，因而自我否定。**

但是，「扮演」業務員的人，讓客戶看到的是推銷模式下的角色，所以即使遭受拒絕，可以讓打擊化作無形，「原來如此，我的『**演技**』還有待加強」，**能夠謙遜地承受對方的拒絕。**

業績好的業務員，絕對不是因為有一副「鐵石心腸」，大多數的好業務員，反而是**對客戶感受敏銳，即「個性纖細的人」。**

開發新客戶時，客戶面對第一次見面的你，同樣也會怕生。突然造訪的人會不會是壞人？我聽他說話有什麼好處嗎？客戶不知如何判斷，採取防衛姿態，仔細思考就會覺得理所當然，但是，很多人卻從沒想過這一點。這一種細膩的感情，我認為**正因害羞業務員會怕生、不喜歡和陌生人接觸，所以更能為顧客感同身受。**

而且，**慎重地保持這種細膩的心情，又要能不斷地承受客戶的「拒絕」，就一定得戴上業務的「面具」**；只要習以為常，讓初次見面的客戶相信你戴上面具的這個角色，雙方都能愉快的談話。

你想當誰，就扮演他，日久會成真的

多數人希望扮演的角色，一定是跟主管或老闆一樣「有能力的人」，那麼，想像一下，這些人是不是都充滿自信，做事抬頭挺胸，目光筆直，眼神明亮，說話口氣沈穩？能夠談笑風生，營造良好氣氛的人，似乎總是能夠很開朗地高聲談笑。若是想豐富商品或業界的話題，平時多讀業界或專業情報雜誌，養成收集具新聞性的剪報習慣，以備信手拈來就有談話題材。

採取類似的做法，觀察自己，想想看自己欠缺的部分，然後一點一點豐富自己的「面具」。「想要成為的人物形象」，不是光靠腦袋空想（或是創造），要隨時提高腦袋裡裝置的天線敏感度，尋找學習範本的方式不是只有在職場上，**不管是讀書、看電視，或是現實生活中認識的人，從中發現能夠學習長處的範本。**

就像這樣，推銷時只要戴上「想要成為的人物」面具、扮演「想要成為的模樣」，就能比較順利。而且，這樣的「面具」，對於自認口才不佳、怕生、不喜歡與人群接觸等，對人際溝通欠缺自信的人，越是容易學會，容易套用。

雖然發現「面具」的重要性，我還是整整花了兩年，才把口才不佳、個性害羞的「本來面貌」封印。

現在你已經知道，內向的人也可以成為超級業務員，本書也會一一說明做法，你要改變自己？或是維持現狀呢？你所憧憬的對象，在這個時候，會怎麼做，答案已經很明顯了！

小結語

個性內向的人，才能為對方設身處地著想；

個性外向活潑，遇到冷言冷語的拒絕，反而容易感到挫折！

第2章

「業績掛零」的人，如何大翻身？

被拒絕、遭白眼、想辭職……不想這樣下去，該怎麼改變現況？

經歷

1

我是走投無路，才去當業務

姊姊臥病，高中叛逆輟學，意外開始推銷之路

我曾經是一個口才差又害羞的「脫油瓶員工」，最常被問到的一個問題就是：「為什麼你並非常能言善道，卻夠成為頂尖業務員，在業績掛帥、競爭激烈的公司晉升到經理職位呢？」

原因其實很簡單，我發現自己本性就是個怕生、不擅於人際溝通、什麼都做不好的人，**我完完全全接納自己這樣的特質，反而讓它在業務工作上發揮得淋漓盡致。**其中的過程，或許能夠給各位帶來一些小小啟示。

不懂父母辛苦，高中叛逆期竟中途輟學

我出生於日本愛知縣，生長在一個非常普通的上班族家庭。有關兒時的記憶，就只

有和鄰居小孩一起玩「扮家家酒」。上小學時，則是因為很喜愛杜立德醫生系列，經常待在圖書館。是個喜歡看書、沈迷幻想，非常平凡的女生。

■姊姊罹罕病，父母無暇分心照顧

小學五年級時，大我兩歲的姊姊因為生病，必須住院治療好幾個月。

姊姊住院的地方非常遙遠，是一家必須換好幾趟巴士和電車才能到達的大學醫院。我的父母兩人都有工作，因此平時沒什麼閒暇去醫院探病。星期日父母去探病時，我必須一個人看家，就算對父母撒嬌說：「我也想一起去！」媽媽也會制止：「不行！如果你也一起去，姊姊會吃醋。」

有幾次我也一起到醫院，沒有辦法見到姊姊我也很寂寞。但是，就算到了病房，總是立刻就被趕出病房，獨自待在會客室。

直到很久以後我才知道，原來姊姊的病，是連治療方式都還未知的不治之症。雖然歷經三十年後的現在，預後狀況良好，姊姊也說她自己很健康。但是在知道病名的當時，猶如被醫師宣判最糟的惡耗。父母的驚惶及感歎，可想而知。

姊姊入院期間，也曾接受由脊椎骨注射的檢查，據說媽媽當時曾哭著說寧願代替姊姊承受這樣的痛苦。但是，父母親有所顧慮沒有對我說明詳情，反而造成身為妹妹的我產生疏離感。我漸漸地產生一個想法：姊姊對於我能待在媽媽身邊，一定感到非常怨恨吧……？

■故意使壞，渴望得到關注

有一天，媽媽託我幫忙。姊姊在醫院閱讀的雜誌上，看到一個讀者可索取贈品的活動，只要寄出明信片就能收到贈品，姊姊想參加，因此媽媽要我幫姊姊把明信片拿到郵筒寄出。

媽媽交給我明信片後，突然疾顏厲色地說：

「這是姊姊的東西，絕對不許忘記喔！知道嗎？」

幹嘛用這種方式講話？為什麼對我這麼兇？

現在回想起來，不難理解媽媽當時純粹是精神上完全處在緊繃狀態。但是，童年時的我卻完全無法體會媽媽以及姊姊的心情，甚至因為孤單而覺得：「如果生病的不是姊姊，而是我就好了！」

我沒有照著媽媽的囑咐，反而把明信片丟掉了！不過究竟丟到哪裡，這個部分的記憶完全被抽離了，但是我確實故意沒有把明信片寄出去。

不管再怎麼等，贈品都不可能寄來，媽媽會不會懷疑？我在這樣的憂慮中，與家人的距離越來越遠，在家變得很沈默。

雖然姊姊後來平安地出院，我卻從那個時候開始，就刻意避免與父母接觸，討厭他們的干涉，渡過非常荒唐的反抗期。

「你實在很愛鬧彆扭」、「你什麼都不說，我怎麼會知道你在想什麼？」受到這些指責，使得我更加封閉在自己的殼中。明明希望受到關心，卻又覺得父母和學校老師的存在令我厭煩。因此，對於未來沒有想得太仔細，在高二那年的第一學期就休學了。

高中肄業，想找有前景的工作，好難！

現在回想起來，當時我所做的一切事情，全都欠缺遠見、想得太天真、不夠成熟，令我感到非常羞愧。那些全都是讓父母擔憂，必須向他們道歉的行為。我當時根本想都沒想過，應當重視自己的人生好好活下去。

高中輟學後，我先在家鄉的咖啡館打工。直到十八歲時在牙科擔任助手時，才開始覺得不能永遠這麼漫無目標地鬼混下去。

擔任牙醫助手時，能夠服務病患的工作受到限制，如果希望被委任工作，就需要具備牙醫助理認證資格。但是，參加補習及通過國家考試之前，考試的條件至少需要高中畢業。

「即使想要嘗試新的挑戰，學歷太差還是很不利。雖說都是自己不好……」我開始對於將來感到莫名的不安，當我把心事告訴有相同嗜好的朋友M子（短期大學畢業）時，卻得到這樣的回答：

「事到如今，妳才在抱怨自己連高中都沒畢業啊！」

聽她這麼說令我很火大，當時我雖然一句話都沒說，卻在心裡反駁：「那又怎樣！」接著心想：「一輩子都得在像M子這樣跩個二五八萬似的傢伙前抬不起頭來，我可受不了！要是沒有參加考試的資格，想辦法取得資格不就好了？」

受到刺激考上高中學力，為了儲蓄找新工作

雖然醒悟得比人慢，但是我下定決心，絕對不要再讓自己產生這種懊悔的心情，因

而開始準備高中同等學歷鑑定考試，這時我已經二十歲了。

當時距離每年舉辦一次的考試只剩五個月，可能是努力用功的結果，很幸運的所有科目全部及格。雖然接下來打算參加大學考試，但是考試之前有更重要的事。當初是我不聽大人勸告，自作主張休學，事到如今不可能厚著臉皮向父母要求，「我想上大學，請給我學費！」因此，我盤算著先不要著急，為了儲蓄先換工作。

我辭去牙科的工作，買了工作情報雜誌，丟了一些履歷表到看來還不錯的公司。當連續收到幾家應徵的公司傳來不錄用通知，正感到氣餒時，正好看到一則求人廣告寫著「超乎尋常的工作價值！」招募項目寫著「企劃、編輯、業務」。

「企劃、編輯……好酷的工作（明明還寫著業務，我卻視而不見）」基本薪及加給合併計算，起薪二十萬日元。交通費全額支出，社會保險完善。「這家公司（待遇）真不錯！」

就是在這家公司——中央出版，我開始接受業務工作的訓練。

經歷 2

先練習「讓自己習慣被拒絕」就好了

消費者都是「拒絕專家」，別只知道背話術

面試我的事業部長，之後成為我的主管。部長向我說明：「我們公司，不論是希望分配哪個部門，都一定得先從業務工作開始，這是從創業以來行之有年的不成文規定。」我當時根本不知道業務工作有多辛苦，一心只希望被錄用，回答得十分正面積極，當場就錄取了。

公司並沒有要求我們立即進入市場推銷，而是先接受十分紮實的職前訓練，除了商品知識和業界動向，也需要徹底背誦推銷話術的規則。在什麼都搞不清楚的狀況下，我拼命地死背發下來的話術。

背好的話術完全沒用，顧客是拒絕專家

整理成操作手冊的話術，只要經過一段時間，幾乎所有人都能夠背得滾瓜爛熟。但是，**在市場上等著我們的顧客，卻是拒絕專家**（嚴格說來，根本沒在等我們）。毫無銷售技巧可言的新人，對於顧客的拒絕與反駁，無法技巧地應對自如，立刻就被擊沉了。

「不需要因為拒絕就垂頭喪氣，只需練習『讓自己習慣被拒絕』就好了。」雖然主管對我這麼說，但是**要習慣拒絕不是一件簡單的事**。

每天持續遭受拒絕的過程中，我漸漸對進入市場感到害怕。一想到大概又會被要去拜訪的對象拒絕，眼前所看到的景色都不可思議地令人感到很暗沈（相反的，簽約成功的日子，即使連夜晚都覺得格外閃亮）。

我被配置的部門負責銷售中學生的學習教材。銷售對象是居家住宅，未經事前打電話，沿途掃街拜訪。

銷售活動的第一天，我就被市場拒絕的嚴酷現實擊倒了。

只要是有中學生的家庭都要一一拜訪，但是不管任何一家的態度，都是強硬的拒

絕。後來我才聽說，原來只針對有孩子的家庭所進行的銷售拜訪，尤其是鎖定中學生為對象，和教育相關的競爭最激烈，所以顧客的警戒心也相對地格外強烈。

不斷碰壁，只想轉身逃跑

那一天，從早上就開始下雨，我還是充滿幹勁去敲門拜訪，隨即吃到閉門羹，我打起精神繼續一家一家拜訪。

「不用了！」

「……咔擦！（悶聲不吭地切掉對講機）」

我完全無計可施。

剛學會的話術連展現的機會也沒有，被全部拜訪對象瞬間秒殺。其中，被中學的孩子斷然拒絕時，比被大人拒絕的打擊更要大上好幾倍。一開始的熱血早已不見，在一次又一次被拒絕拜訪中消失殆盡。

類似這樣的畫面，在電視劇或電影情節中，常會出現以下的橋段，「還好最後遇見了一家購買的顧客，若是當時中途放棄了，就沒有現在的我……」只是，像是這種激勵人心的情節，並沒有發生在我身上，最後仍是以悲劇收場。當時掃街拜訪來回，都是幾個業務搭乘一輛麵包車，到了現場再一個一個下車。負責接送我們的車子還沒來，我卻早早地落荒而逃，回到約好的地點，膝蓋以下被雨水全打得濕漉漉地，茫然地站在原地等待。

又有一次，我完全灰心喪志，到了自己負責的區，卻不想下車，開始哭起來了（根本就像一個在撒嬌的小孩……），回想起來自己都覺得不好意思，只能笑自己，當時可能連怎麼求助都不知道。

■辭職就能脫離壓力了，真的嗎？

開車的老鳥同事沒有強迫我下車，他把其他人送到負責區域後，帶我到咖啡館聽聽我怎麼說。

光線明亮的店內，我喝了果汁後稍微平靜下來，在他的引導下，把前一天在推銷現場發生的痛苦回憶說出來。

「我最討厭推銷員！」一個男性顧客不由分說地對我人身攻擊。因為他是客戶，所以我忍耐著不回嘴，雖然覺得對方蠻橫不講理，卻感到十分懊惱。隔天在車上回想起來，不由得感到畏懼退卻。

把話說出來之後，多少輕鬆了一些。結果後來雖然只有短暫的時間，仍然進行了掃街拜訪。

「要是辭職就能輕鬆了！」我心中也曾浮現這樣的念頭。但是，就這麼挾著尾巴逃走，讓一切隨時間消逝，我更不願意。

對人不友善、親和力不足，比不會說話更糟糕

進公司第四個月看到實領的薪水金額，心裡想：「完蛋了！」，我忘了只有剛進公司的前三個月有研修津貼，責任薪的部分，因為我的業績是零，所以實際領到的薪水少得可憐。

當時我在經歷了三個月的掃街拜訪後，轉調到電話行銷小組。電話行銷因為不用像掃街一樣直接面對客戶，不需要承受客戶當面拒絕，精神方面的打擊稍微減輕，也沒什麼體力負擔。

■天生的個性，不僅對工作造成阻礙，在人際上也一樣

但是，一整天打電話，連一個約訪機會都無法取得時，真的會感到很空虛，連能否簽到合約的邊都沾不到。「我這一整天到底做了什麼？」**即使多麼微不足道的結果也無所謂，總希望一天結束時能多少做出一點成績。**

但是，我沒有向公司的主管訴說過這樣的煩惱。因為我不是應屆畢業召募進來的員工，所以沒有同期的新進夥伴，再加上我非常怕生，如果對方主動攀談，或許有可能變成好朋友，但我卻沒辦法主動接近對方。甚至曾有人當著我面出言諷刺：

「長谷川，看你的樣子，對食物一定挑三撿四的吧！」大概是因為我看起來很難相處吧。

我開始發現，**對別人不夠友善、親和力不足……等等的特質，不管是業務工作或職場的人際關係，都會帶來負面影響。**

經歷 3

那一夜，我在眾人面前丟人現眼

業績掛零墊底的打擊，決心不再得過且過

說到「銷售高手」，總是令我聯想到那些「具社交手腕，不管跟任何人都能立刻打成一片」的人。這些人在推銷商品時能夠展現迷人的笑容及一流的話術打動客戶，就像施展魔法般地把東西一一賣出。而且，除了在工作上能夠游刃有餘地做出成果，私底下的生活也過得十分充實。

就算不是一般人印象中的好業務員，也要找出客戶喜歡的特質

雖然這可能是我的過度妄想，不過，各位想像中的銷售高手，應該也是像這樣的人（就主流印象而言）。但我就是那種不擅於人相處、被同事瞧不起、被嘲諷的人，甚至認為自己一輩子跟「銷售高手」這四個字扯不上關係，要我徹底改變，是很困難的。

不過，在內心百般糾結中，我默默觀察幾位業績好的同事，隱約感受到，頂尖推銷員並不盡然平時都喜歡與人交往。對於能夠簽下合約，「被客戶喜歡」應該才是重點，就算害羞又如何呢？

公司聚餐中，被公開點名業績掛零

到了第二年，轉機終於到來。

我一開始在名古屋工作，配屬課裡的指導員，異動到大阪擔任經理，連我在內的四名課員也一起調任。當時我的業務成績，一直都在公司的平均值上下徘徊。

決定去大阪到上任期間那幾天，總公司其他樓層熟識的前輩跟我打招呼時，總會加上一句話。

「大阪人會放你鴿子，小心點！」

「一般常識不適用於大阪。我都不知被他們害慘多少次了。」

過去曾在關西從事業的人，雖然一再叮嚀我哪些通則在關西不適用，卻沒人給我任何建議。我覺得似乎聽到他們心裡的聲音，「反正你不可能順利的！」或許是想太多了，當時我心想：「你們只是為自己的失敗合理化吧？」打從心裡瞧不起前輩的建議。

■業績慘到掛零，被叫上台當頭棒喝

然而，我在大阪開始工作時，竟然以「銷售件數為零」做為開端。

雖然過去的業績只能勉強維持在不會被開除的程度，但就算是菜鳥時期，我也不曾有一個月以掛蛋結束。更何況上任時正值十月，隔月開始全公司要舉辦大型業績競賽，只有關西地區先進行前哨戰。當時的表揚會兼員工旅遊，近畿圈所有的業務員都聚集在看得見滋賀縣琵琶湖的飯店，在宴會大廳舉辦績優人員的表揚。

當然，我是敬陪末座、只負責拍手的成員。當表揚結束，我以為開始要彼此乾杯，餐會正式開始時，營業部長對著麥克風說：

「最後，業績掛零的傢伙！給我站出來！」

會場中雖說只有近畿圈（關西地區），卻也集合了幾百名的員工，我和幾位同樣業績掛零的人一起站到舞台上，依照指示站成一排。

「你們這些傢伙，讓大家好好看清楚你們長什麼德行！」

只能謊稱客戶取消合約，更丟臉！

是要大家引以為鑑？還是營業部長要罵我們？我拚命克制自己的情緒，結果什麼聲音也傳不進耳中。直到終於解脫回自己座位途中，從總公司來的本部長（現在的社長）跟我打招呼。

「長谷川，怎麼啦？還沒習慣大阪嗎？」

「是的……原本已取得兩份（契約），但是都被取消了。」

「是嗎？算了，好好加油！」

在眾人面前丟人現眼，我對於本部長的鼓勵，也只能草草敷衍幾句就離開。

但是，內心湧起一股悔恨不已的情緒。明明業績掛零是不爭的事實，我卻辯白其實已簽約，只是被客戶取消無可奈何。對於自己這麼不乾脆的發言，我非常後悔。

「我討厭業績這麼差！這麼慘敗實在臉上無光。」那一天晚上，我一個人咀嚼著懊悔的情緒。

暗自下決心，不再當逃避現實的員工

過去每當有令我厭煩的事，我總是認為只要離開就好了，辭職或是避不見面、或是沈迷於和同事在家庭餐廳聊到深夜、在卡拉OK唱歌發洩壓力。但是，這麼做也只是「**逃避現實**」罷了，討厭的原因沒有消失也沒有解決。

我決定，這種懊悔的心情，不要只是透過發洩拋在一旁！**這並不是表示我要「永遠懷恨在心」，而是「再也不要得過且過」了。**

我對自己發誓：再也不要當一個專門在台下拍手的成員，停止再說那些無聊到極點，貶損自己的話了。暗自下定這個決心的我，隔年的業績競賽，在三千名社員中，奪得業績冠軍。

小結語

如果你一直沒掌握工作技巧，只想低空飛過公司標準，總有一天，會連最低標準都達不到！那時候，你就是公司可有可無的拖油瓶員工了。

第3章

塑造「另一張臉」，人人都能成為說話高手！

善用自己的正面特質，讓客戶說出真心話，定單就是你的

方法 1

克服「害羞怕生」，你應該做到這些事

找出吸引客戶的特質，加強自己受歡迎的優勢

「我真羨慕那個人，他的個性比我適合走業務這條路。」

曾經我也跟多數人一樣，總是認為能交出亮麗業績成績單的人，在公司一定是備受注目，光芒四射，他們的性格特質及才能都是老天爺給的。

是「不適合」，還是「努力不夠」，你得自己想清楚

後來我才慢慢發現，**那些一流的業務員面對客戶的樣子，未必就是他真實的面貌**。或許當他完全離開工作，只是個沈默寡言、個性溫順的人，就像我（笑）。

剛進這一行時，說實話，我並不認為自己口才笨拙。因為我活在一個只和談得來、合得來的朋友相處的世界。進入公司後，我的談話能力低落到幾乎令自己討厭的程度。

我進入的公司，對業務要求相當嚴格，一如前面所說的，剛開始毫無表現的前兩年，過得相當艱辛。但是，**我從來不曾認為自己「不適合當業務員」，我只是認為自己「能力不足」**。

現在回想起來，或許這就是相當重要的關鍵。若是認為自己不合適，或許就會認為繼續耗在這個工作上只是浪費時間。但是，**認為自己能力不足，或是還沒學會該項技能，就會產生「一定要努力」的想法**。

不愛與人打交道的前輩，居然是推銷高手！

在大阪的公司聚餐上，被公然點名業績掛零，發生那件事後，我下定決心：「絕對要從人群中脫穎而出！」接著，當我開始思考「那麼，我該怎麼做才好呢？」時，回想起一件事。

那是進入公司第一年，當我無法克服被拒絕的瓶頸，每天都在做困獸之鬥的其中一天。為了參加公司內部的進修會，因為剛好有適合的位置，所以去了設置在名古屋車站西側，別名「後站分店」的營業處。

那裡集合了「內有隱情」的業務員，是一個氣氛很特別的營業處。乍看之下各有怪癖（抱歉啦）的業務員之中，有兩位過去以推銷高手聞名的女性業務員。她們由於缺乏協調性，動不動就請假，以致被流放到「站後分店」。

雖然我和她們有目光接觸，也有打招呼，但是她們對我很冷淡。同事似乎以前就認識她們，因而私下安慰我：「她們不喜歡和人打交道，所以不需要介意。」

我被勾起興趣，觀察了一下隔板對面的她們，只看到她們一直低聲閒聊，完全看不出想認真打電話給客戶的跡象。營業處的所長很客氣地提醒她們後，她們才一副「真是沒辦法，只好工作了」的態度，拿起電話聽筒。

然而，**當電話才剛接通，她們的態度立即起了一百八十度的轉變！**和剛剛懶散冷淡的樣子判若兩人，與電話那頭的客戶熱烈地交談。

找出自己的面具，到底欠缺什麼？

我擱下隔板這頭正在進行的進修會，專注於這兩位推銷高手的動向。她們和客戶交談之際，不斷地和客戶發出「哈哈哈」的大笑聲。

並非她們說了什麼逗客戶笑，而是真心打趣客戶，使得對方自然地笑出來。而且，每一通電話的時間都相當長！不像無法取得約訪的人那樣，被客戶掛電話，或是被逼得主動提出「您似乎不感興趣的樣子」，急著結束對話。想必她們的客戶，一定都很開心地與她們進行交談吧？

雖然她們以親切、沈穩的口吻與客戶交談，但語尾簡潔有力。即使是很親暱的說話方式，但因為謹慎選擇用詞的關係，不會流於輕佻隨便……**面對客戶的她們，簡直判若兩人。**

「我想聽聽看她們交談的內容！」我心中這麼想著，緊盯著隔板對面——「就是這個！」看著她們時，我恍然大悟。

業務都有一張在客戶前的「面具」，從孩提時期就養成的沈默、冷淡的個性，或許無法說變就變。但是，若是只有在客戶面前才需要表現出的模樣，就能夠改變，就像這兩位前輩一樣，只要好好地表現出該有的樣子就可以了。我彷彿看到眼前突然出現一道希望的亮光，注意到這一點後，我**先尋找自己從事業務的「面具」所欠缺的部分。**

用「原本的自己」，絕對無法吸引客戶

原本我的工作場合，就是數字掛帥的業務部門，主管或前輩除了給我工作上的建議，甚至經常談論到有關作為一個部屬的好壞，毫不留情地一一指出我的缺點。

他們說我「老是一臉『關我什麼事』的表情，超難相處」、「自命不凡」、「說話的口吻，平淡無奇」，你看！是不是毫不留情地戳人的痛處？進行話術演練時，也被指導員說：「總覺得你說起話來好無聊，一點都無法勾起興趣。」

當然，我並沒有想要拒人於千里之外，也不是故意讓對方覺得無聊。但是，旁人看起來是這個樣子，對自己是一大損失。因為，若是不戴上「面具」，以原本的我一決勝負，**當時的我在客戶面前就是「超難相處」、「自命不凡」、「平淡無奇的說話口吻」**。

每當這麼被指正時，就覺得很受打擊。被指出缺點的瞬間，感到面紅耳赤的羞愧，但是活到這個年紀，從來沒有人指正我的缺點，想必是十分難以啟齒吧？若是我二十多歲時仍然沒人指點我，一直活到現在的話……光想像這一點就頭皮發麻。要是當時被指

正惱羞成怒而辭職，我或許一直都還穿著國王的新衣（雖然我不是國王），渾然不知自己的缺點。

回溯我常被指正的缺點，我自覺到以原原本本的自己，絕對無法在業務工作上有所展現。

超級業務員，不會用這種方式說話

各位讀者不妨也回想看看，客戶、主管、父母等周遭的人曾經指正你的事項。如果並沒有被指正過，這時不妨在主管看過演練後，要求指導，「我的說話方式有沒有什麼問題？」

被主管指正後，我開始提醒自己「不要露出一臉與己無關」的表情。**我必須改善的，不僅是面無表情，還有說話時缺乏抑揚頓挫。**

自從開始意識到必須「表演」，即使說說時加上抑揚頓挫，直到自己的風格定型前，可能聽起來還只是「語帶粗魯的口吻」，不過，相較於平鋪直敘而乏味的說話方式，帶給人沈悶的印象，已經好得太多了。

同時，就像我在第一章所說的，尋找出你「想要成為的人物」、「想要成為的模樣」，一一揣摩對方所做的事情，逐一加以實踐。一說到「演戲」，聽起來似乎給人一種欺騙他人的感覺，但是我們現在所說的「扮演成功業務員」的方式，完全不是這麼一回事喔！

比方說，女性如果蒼白著一張臉出現在別人面前時很失禮，所以會化妝不是嗎？男性工作場合和居家的衣服不也是有所差別嗎？我開始注意在客戶面前「扮演」適當的角色，因應TOP（Time：時間、Place：場所、Occasion：場合）而表現出合宜的態度。我開始認為：就像名古屋後站分店「不愛與人打交道的推銷高手」，**不管從事任何職業，想當那一行的專家，就必須在客戶面前「扮演」該有的樣子。**

「專業的推銷話術」，其實還不夠！

想要出神入化地扮演業務員的角色，一是練習，二還是練習。

你的公司也有為了推銷成功的「綱要」，以及以該綱要為核心的話術（腳本）吧？話術應當不斷地出聲練習，背到滾瓜爛熟，一再加以實踐。

經常有人認為，「不管範本背得多熟，也不想成為矯揉造作的業務員，所以我絕對不要死背範本！」甚至也有主管抱著同樣想法，因而主張「所以我們公司不會交給業務員範本」，而且這樣的主管占了相當高的比例。

其實，那純粹只是練習不夠而已。就我的經驗來看，業務員的話術必須經由以下的6個階段得到成長：

❶業務菜鳥
↓
❷照本宣科地唸話術
↓
❸流暢地唸話術
↓
❹死背、流暢地說出來
↓
❺說得像一個專家
↓
❻不要流於職業化，自然地說出來。

你現在處在哪個階段呢？

■不要滿足於「把話術說得流暢」就好

有一點很重要，一般人很容易在「❺說得像一個專家」的階段停止練習，但是**想成為推銷高手，就必須以「不要流於職業化，自然地說出來」這個階段為目標，反覆不斷地練習**。

你是否曾經有這樣的經驗？有時拿起聽筒，對方除了寒暄之外，明明一句話都還沒說，你卻心知肚明「啊～是推銷員」，這就是即將到達推銷高手境界之前的「說得像一個專家」階段。專家的味道明顯可見，就表示功夫還未到家。生硬的話術是否練到和自己融為一體，是由客戶來評價。

■客戶不會指出錯誤，要自己觀察發現

但是，客戶並不會具體地指點我們，我們必須提高自身天線的敏感度，如果沒有留意客戶的反應，抓住重要的關鍵，可能輕易就錯過了。

業務的現場，是對客戶輸出推銷技巧的場合，同時也是輸入——**由對方發出的訊息，接收為推銷的暗示及教訓**——的場合。

全神貫注於自己所說的話，很難同時兼顧留意對方的反應。但至少要達到「熟背、流暢地說出來」，才能從容地觀察客戶的反應。

■換上專業外表，誠懇流利地說出推銷台詞

另外，有關說話時的抑揚頓挫及表情，有如樂器演奏練習般，反覆訓練會很有效果。雖然總是照著樂譜從開頭練習到最後沒有什麼不好，但是也不妨「這四個小節多練習幾次」，只針對最棘手的部分反覆練習。

就如以上說明的內容，要**克服自己「怕生」本性，是打造一張推銷時的「面具」，**

以及把成功推銷的腳本，完全吸收，融為自己的東西。並不需要改變個性。

接下來我便告訴各位，如何以這張業務的「面具」為基礎，跨越怎麼都推銷不出去的高牆，留意各種不同的推銷場合，以嶄新的方法應對。接下來我將告訴各位，業務「面具」的打造技巧。

小結語

專業的超級業務員表現，和本身的個性完全無關！因為他們用「超級業務」的專業表現，讓客戶感受到「對呀，其實我需要這件商品！」，就算被拒絕、受挫，只需要調整業務上所需的專業表現即可！

方法 2

約訪三步驟，9成客戶會說出真心話！

從電話中就知道客戶會不會購買，找出潛在主顧的祕訣！

「只需透過電話，得知客戶會不會購買的準確率達九成！」若是真有這樣的方法，任誰都想一窺究竟吧！在我主持的諮詢會談上，常聽到有業務員提出這樣需求和問題：「就算不是九成也沒關係，希望能掌握住購買機率高的客戶群！」「想知道如何不錯過有可能購買的客戶！」

正因「口才不好」的害羞業務員，才能辦到

但是，身為業務員，每天在第一線格鬥的你，應該很清楚的知道：「就是因為沒辦法輕易地做到，所以才會這麼辛苦啊！」

尤其是個性怕生、口才笨拙的我們，更是覺得分外困難。「因為我口才很差，電話

約訪根本不可能。沒有辦法取得約訪，一輩子都不可能變得推銷高手！」你是否抱著這種想法而放棄呢？

事實上，我在打造「專業推銷面具」的一再嘗試錯誤中，發現了一個方法，即使口才不佳也完全不會有問題！甚至可以說，「**正是對於和人溝通不拿手、沒有口才的人，更能發揮效果**」。

「有這種辦法嗎？聽起來真可疑……」有些人心裡可能會懷疑，哪有這麼厲害的方法？請再繼續往下看吧！

不是尋找「顯主顧」，而是尋找「潛主顧」

有些業務員為了獲得準客戶，**拼命尋找「想要這件商品的人」**。不過，我敢肯定地說，這招絕對行不通。這是因為，**真心想要某件商品的人，不會向業務員購買**。

■絕不要期待客戶「正好想買這個商品！」

自覺想要某個商品的顧客，就會立即主動上網查詢商品的價格及使用者的評價。要向哪一家公司購買什麼樣的商品？決定什麼時候購買？又或是決定不買等等判斷，都會希望由自己做主。換做是你站在消費者的立場，不也是一樣嗎？

因此，正好想要買該件商品，所以對不請自來的業務員說：「你來得正好！我正好想買。」的情況不能說絕對沒有，但就像是神話故事般少見。

所以，就算你向一千個客戶開口說：「我向您介紹A商品，不知您是否有興趣？」這樣的開場白，根本別想期待對方跟你說：「我有興趣，請介紹給我。」

把推銷定義為「尋找想要該商品的顧客的工作」，這樣的業務員，就是在尋找將潛在需求表面化的人，一定會陷入辛苦的泥沼戰。

讓客戶發現，「原來我想要這件商品」

那麼，究竟該鎖定什麼樣的人為準主顧呢？答案當然是「**有潛在需求的顧客**」。

「有需求但是沒有顯現出來」＝**「潛在」**，換句話說，就是當事人並不自覺而潛藏在內心，其他業務員一不留神就錯過的顧客（因為太冗長，以下簡稱「潛主顧」）。

■激發客戶的購買欲，才是高手的祕訣

激發「潛主顧」的需求，讓對方發現「啊！原來我一直想要這個！」或者，雖然原

本就已經在注意這個商品，卻一直沒有採取購買行動意願的人，對於來接近的業務員或廣告，過去全然忽視的人，應該設法激發這類「潛主顧」的購買欲——這就是成為銷售高手的秘訣。

「潛主顧」絕對比需求顯現在外的顧客（以下簡稱「顯主顧」）來得多，若是能夠掌握住「潛主顧」，由於人數眾多，幾乎不會有業務競爭對手，購買率也能大幅提升，如果積極的尋找潛顧客，和一般業務員相較之下，最後，你將獲得壓倒性數量的準主顧名單。

小結語

原本就想要商品的客戶，會自己去蒐集資料，或者早就已經購買了；真正的超級業務，是要讓「顧客發現自己有需求」，以及讓或許考慮過要購買、但遲遲未行動，就差你臨門一腳的客戶。

客戶感興趣的關鍵點，和產品訴求未必相同

■在初步電訪時，就要引起客戶的興趣

那麼，究竟要怎麼樣才能掌握住「潛主顧」——有潛在需求的顧客——呢？訣竅是，和客戶通電話之際，一定要**把客戶感興趣，能夠立即主動回應的台詞穿插在你們的談話中**。

換句話說，若是該客戶和你無緣，對於你那句台詞沒有反應，自然就會表現出疏遠的態度。這種情況，「**自然而然**」是一大關鍵，並不是你刻意去篩選，不要刻意去區別反而比較好。

■單方面推銷產品的優點，不一定能吸引客戶

這是因為：**業務員最想傳達給客戶的內容，和客戶感興趣而回應的關鍵，兩者並不一致**。過去的我，並不了解這一點。因為不了解，所以就算打了幾百通電話，照樣無法取得約訪。

我在中央出版社擔任業務期間。販賣的是針對中學生的教材，「提升學業成績」、

「考上理想學校」、「短時間高效率」，以上這三點是我極力訴求的，客戶感興趣的應該離不開這個範圍。當然，這個想法並沒有錯誤，但是，由於競爭的同業、補習班、派遣家庭教師的宣傳語句等，大家都表達類似的訴求，客戶並沒有辦法從當中選擇「哪一個比較好」。

向客戶傳達自家公司商品的優點、與同業的差異性，總之不設法取得約訪的機會，讓客戶願意與你碰面，一切就不會有進展。

設定條件挑選客戶，不專業！

但是，抱著「總之讓客戶願意碰面就行」的想法，勉強讓客戶同意見面的結果，往往容易導致約訪時客戶卻避不見面，或是在門口讓你吃了閉門羹等狀況。因此，符合取得契約「條件」的人，我會揣摩他們的想法設計約訪話術，當時我還以為，這是一個很棒的點子（多麼膚淺的想法……）。

小孩成績退步的家長，絕對比小孩成績進步的更煩惱，因此，若是能找到測驗成績或班級排名退步的人，簽約的成功率不是比較高嗎？

這麼一想，我便在電話中詢問客戶：「上星期的期末考差不多已公布成績了，小朋友的成績還好嗎？」

現在回想起來，這句話實在非常討人嫌（笑）。「誰要你多管閒事？我家孩子的成績用不著你擔心！」要是客戶這麼回答就完蛋了。

■設定條件揣測客戶需求，等於在說「我就是要賺你錢」

之後也顧慮到家長是不是會在意花在長子的教育費用比老么多？全國考生百分等級分布落在中下的家長，因為比較有危機感，或許較願意從口袋把錢掏出來？雖然一一設想許多可能，挑選約訪成功度高的對象，但結果都不順利。失敗的原因很清楚，因為我只在意「條件」。

不管過去或現在，針對中學生教育的行銷市場，一直都是最激烈的戰區。客戶每天都會聽到「成績會進步喲」、「能夠養成考上目標學校的實力」、「等到三年級就太晚了」……等。而且，想要推銷給家長的每一句話，都刺傷了他們的痛處，令他們感到很不愉快。

以容易銷售為「條件」尋找客戶群，原本就是本位主義的想法。**挑選客戶當作自己**

賺錢的手段，都會在說話及態度中不自覺表露無遺，客戶一定會看穿你的內心是否真的為了他們著想，還是只想賣出商品而已！

小結語

新手業務希望能用最有效率的方法找到潛客戶，卻忽略了產品訴求未必和顧客需求相同，而揣測顧客需求並加以分類，反而讓人更明確的感受到「業務推銷」的氛圍，情緒敏感的客戶就更不願意聽你說了。

透過提問和穿插回答，3個步驟讓客戶產生興趣

攻其不備時，人會不自覺地流露出真心。要讓客戶改變態度，對你產生興趣的「台詞」，就是透過若無其事的話術問答，讓客戶驚訝的「意外」。穿插在問題中的言語（台詞），依次運用三個步驟能夠提升效果。

■步驟❶找出客戶真正的煩惱，並具體說明解決方式

推銷的工作就是**販賣解決客戶煩惱與課題的商品或服務**。思考看看，什麼樣的言詞能夠表現出來？

■步驟❷運用封閉式問句、提問

為了引導出步驟❶的用詞，應該怎麼提問？運用能**使客戶感興趣、對問題有反應**的提問法。

■步驟❸接納客戶的說詞

對於步驟❷引導出的發言，**全盤接納，給予完全肯定**。

我將詳細說明，如何以這三個步驟為基礎，打動客戶心理。若是能夠熟練這三個步

驟。不管廝殺多麼慘烈的商場，順利商談的可能性仍然很高。首先，讓我先說明為什麼要這麼做，然後再說明該如何穿插在實際的話術中。

步驟1 找出客戶真正的煩惱，並具體說明解決方式

推銷的工作就是**販賣解決客戶煩惱與課題的商品或服務**，然後，和客戶在談話過程中，業務員應該技巧地引導出該課題（因為客戶屬於「潛主顧」）。

關鍵在於尋找出客戶能**產生共鳴**的言詞，讓客戶情不自禁地拍手大叫：「就是說嘛！」「我就是這麼想！」

希望運用你推薦的商品或服務的顧客，正懷著什麼樣的煩惱呢？他們獲得什麼樣的東西，會感到幸福呢？

關鍵不在於你最想訴求什麼，而是客戶想獲得什麼。

換個問題試試看，到目前為止，向你購買商品的人，他們對於你的談話，什麼樣的語句產生最激烈的反應？其中是不是有什麼共通點？**一切答案都在客戶的反應當中**，請你好好地回想，每天仔細觀察。

如果幾乎沒有推銷出去的經驗，不清楚客戶反應的人，不妨請教公司內部優秀的業務員，不是請教一鳴驚人的類型，而是請教細水長流的類型。

我尤其重視客戶不經意發出的自言自語、發牢騷，或是放鬆肩膀力量時的發言——因為這些談話中，往往流露出客戶的真正心聲（很可能客戶並不自覺）。

「我的孩子明明只要認真就能做得到。」➜客戶認為孩子，應該能夠展現更好的實力和成積。

「只不過，父母說的話，這孩子總是聽不進去。」➜希望你能把我的心情好好地告訴孩子。

對方對於突然直接接近的我，自然地傾訴類似這樣的內容時，即使透過電話也能了解到，他們已經稍稍對我敞開了心胸。我發現客戶「想說的內心話」，而且理解客戶在這樣的話語中，帶著什麼樣的想法，起因是在大阪一次痛苦的經驗。

■越想著「賣出」，反而更賣不出去！

那是發生在某個星期日的事，我在白天和傍晚各有一件約訪。

第一件約訪的住家，是家中以電梯上下的豪宅。推銷對象的男孩子在將近十坪左右的兒童房等我，有生以來，我第一次看到中學生手上戴著昂貴的勞力士錶。

我被帶去交談的房間如果是孩子的房間時，通常房間裡只會有書桌，沒有會客用的桌子。這種情況下，通常都是圍坐在地上（地毯），資料就放在中間，這樣比較能夠拉近與客戶的距離，容易交談。結果那一天，客戶家飼養的黑色阿富汗獵犬一出現，就踩住展開在地毯上的教科書、我帶來的商品樣本的參考書。

一般來說，這種狀況下，家長都會道歉把小狗抱住，或是把小狗趕出房間。但是，當時的我卻只是滿口的阿諛奉承。

「哇！它的毛色真是濃密漂亮！」我滿口讚美小狗，想博得客戶歡心。狗大爺就一屁股坐在書上，我的自尊，簡直比小狗還不如。

最後，這一家終究沒能簽成合約。

第二家拜訪的住宅，和白天這一家可以說南轅北轍。兩居室隔間的舊式木造公寓，我去拜訪時，媽媽和三個小孩在家，我推銷的教材使用對象是給長女。父親並不在家。

看起來過得相當儉樸的家庭，雖說以外觀來判斷非常失禮，然而當時的我很擔心他們是否有辦法支付這筆費用。雖然不管拜訪哪個家庭我都希望能全力以赴，但是抬頭挺胸地自問我是否真的盡了全力，我卻不由得心虛。結果在這一家我也沒簽成合約。小孩本人直接拒絕，「我對這個不感興趣」。在談及價格之前就打住推銷，我反而感到鬆了一口氣。

但是，當我一個人回到停在附近的車上時，虛無感籠罩我的全身。

過去我也曾嘗到好幾次無法盡全力，懊悔不已的心情，但是這一天的感受，和過去並不相同。

因為想簽成合約，連對小狗也搖尾乞憐，可恥可憎的態度，還有揣量著客戶的錢包，偷工減料的說明……。

嘴巴說是為了孩子的成績、子女之間的影響，其實是根據客戶手頭是否寬裕，而改變自己推銷的態度不是嗎？低級、差勁透頂，我簡直痛恨自己到了極點。我有什麼資格向客戶推銷有關教育的商品？我還是辭職不幹吧！我的思緒非常紊亂，無法馬上啟動汽車引擎，一逕坐著發愣。

■只想著要賣出商品，卻忽略了客戶真正的需求

回到公司後，我茫然若失地想著若要辭職，多少得先帶一些私人用品回家，打開抽

屜拿出一疊疊的筆記。

我有些懷念地隨手翻閱剛進公司時抄寫的筆記，突然目光停駐在其中一頁。那是晨會時負責人的訓示：「**不要滿腦子只想要賣出商品**！先當朋友！」在這句話旁邊，我畫了一個豬鼻子。「要是這樣就能賣出去，那就太簡單了！」我對這句話嗤之以鼻。

那件事發生後過了幾天，我到那對母子家庭的附近拜訪。那幾天，同樣一句話不斷在我心中迴盪。

「不要滿腦子只想要賣出商品！先當朋友！不要滿腦子只想要賣！先當朋友……」

我在心中默念這句話十次以上，讓這句話深烙內心後，敲開那位客戶家的大門。

■仔細聆聽，就能找到打動顧客的「關鍵詞」

或許是因為心中不再老想著要把商品賣出去，對於眼前的客戶，我反而能夠集中精神在他所說的事情上。這個孩子會不會說他想試試看這個教材？這個家長會不會願意簽約？在談話當中，這些多餘的念頭不再干擾我的心思，我只是專心地和客戶交談。

最後當談話告一段落，媽媽對我微笑著說：「我們決定參加這個計劃。」我對於她這麼爽快地答應簽約，感到有些驚訝，我說：「謝謝您！這麼一來，排行下面的妹妹也可以使用這套教材呢！」

沒想到她說：「不，下面的孩子歸下面的孩子。我希望她主動表示想用時再給她。目前只要老大就夠了。哥哥，你說過游泳課不上了對不對？挪用那裡的學費才能參加這個計劃！所以，你要考上高中喔！（笑）」

我覺得很受震撼。

仔細填寫合約的內容時，我開始感受到簽下這張合約，就像收下一份父母為孩子將來設想的真心。「買或不買，決定權都在客戶身上。」推銷教材上所寫的這個句子，我直到現在才理解它的意義。

從那天之後，我在敲客戶的門之前，都會在心中反覆唸著「和客戶面談之際，不要滿腦子只想要賣出商品，先當朋友」。打電話取得約訪時，也是抱著同樣的想法。而且，對於**客戶的自言自語**、**牢騷**、**心情鬆懈時的發言**，也變得更敏銳，**留意其中是否含有能夠聯結到商品的暗示**。

原本口拙的我，每當和人交談後，總會後悔，「我說了那種話，對方會怎麼想呢？」「當時如果沒那麼說就好了」。我不是那麼「船到橋頭自然直」的性格，和我同類型的你，是否也常常事後追悔呢？

不過，老是悶悶不樂地一再回想，反而可能忽略了客戶給的提示。

步驟2 運用封閉式的問句提問

■開放式問句，較適合用在態度積極的客戶身上

對客戶提問的方式相當重要。提問的類型可大分為兩種，一種是**開放式問句（自由回答的問句）**；一種是**封閉式問句（回答是或不是的問句）**，**電話約訪時，最好避免使用開放式問句。**

「咦？這麼一來，交談不會因而結束嗎？」這麼想的人比意料中更多。很多話術指南等教材，也常建議使用開放式問句而非封閉式問句，認為更有效果。

開放式問句的優點是對方回答的自由度較高，能使話題有效延伸等。在推銷商品時，善用開放式問句，更能接近對方的購買需求。不過，這種提問方式，前提必須是對方在談話時，態度較積極的狀況。

即使初次見面，當客戶主動來洽詢，或是因為感興趣而來店裡時，對於主動的對

象，運用開放式問句的確很有效。

換句話說，公司花了廣告宣傳費（或是使用公司的宣傳費），事先集合客群的商談，可以使用開放式提問（這個在推銷界中稱為「Pull拉式戰略」，相反的，以電話約訪或掃街拜訪等銷售方式，由業務員主動出擊，則稱為「Push推式戰略」）。

■客戶還沒解除戒心時，封閉式提問能快速收集資料

但是，我在前面就曾經說明過運用話術時，絕對不能忘記的前提。記得嗎？是的，就是「**客戶對於推銷員的你心懷警戒**」。

把這樣的前提拋在一邊，「業務高手就是開放式提問的高手」、「封閉式問話會使交談立刻就結束」等觀念照單全收是沒有必要的。

對於沒有解除警戒心的對象，開放式提問：「您是否對於什麼樣的問題感到不安？」對方想必也難以對你開誠布公吧？「雖然感到不安，但我幹嘛告訴你！」對方很可能會這麼回答呢！

步驟3 完全接納客戶的說詞

接下來，希望各位能夠留意提問的台詞，以下是我在取得約訪時，和客戶進行的對話內容，希望能供各位參考。只要看過我列在下頁所舉出的內容，我想各位就能明白，我所使用的，完全都是封閉型的問句。

小結語

「先和客戶交朋友」，聽來是老生常談，卻是成交與否的重要關鍵！潛客戶的需求需要引導才能發現，一名業務員是否真心為客戶著想，才推銷商品，從語氣上就可感覺到。

「銷售成功率90%」的推銷話術

業務「你好！我是〇〇公司的長谷川。請問您是口口中學二年級阿學同學的家長嗎？」

客戶「是的，有事嗎？」

業務「您好，打擾您了。今天我打這通電話，主要是希望跟您說明針對往後的期中期末考的測驗，該如何學習的系統。」

客戶「啊……」

業務「上星期期末剛結束，我想孩子才剛喘一口氣，不過，我想請教媽媽，就您的觀察，阿學同學喜歡讀書嗎？」——❶

客戶「怎麼可能會喜歡讀書！（笑）」

＊先清楚介紹公司名稱及自己的姓名。

＊立刻告訴對方打電話的目的。

＊客戶直覺地就會提高警覺，「要是教育相關的推銷就拒絕」，不過，因為沒想到業務員這麼問，發現和預期不同的同時，警戒也跟著放鬆。

業務「哈哈哈……說的也是。孩子怎麼可能會喜歡讀書。不過，大家都是說『雖然討厭讀書，但是希望能有好成績。』阿學同學也是這樣嗎？」——❷

客戶「這個嘛……誰都一樣，能夠取得好成績是再好不過了。」——❸

業務「您說的對。不過，到了這個階段，學習內容突然變得特別難，（客戶：「真的就是這樣。」）我說的對吧？這時候，孩子擅長及不擅長的科目分數將明顯地產生差距，因此，孩子如何渡過接下來的暑假，對於第二學期的成績將造成很大的影響，一點都不誇張喲！」——❹

＊提問全都是封閉式問題。這裡乍看之下似乎是開放性問題，其實是穿插第三者觀點的封閉性問題。

這裡開始可使用稍微嚴肅的口吻。

＊即使客戶只是嘀咕或自言自語，也要接納對方的話，先加以回應。

＊這裡要說得更斬釘截鐵，不是阿學同學的個人問題，而是一般狀況。

銷售成功率90%的話術分析

一開始我問❶「您的孩子喜歡讀書嗎？」，並不是我真的想了解孩子喜不喜歡讀書。由於出其不意，所以客戶一下子便解除戒心而笑了出來，**目的是為了讓客戶卸除心防**。若是客戶處在戒備狀態，對於接下來❷的問題，可能也會反駁「人生又不是只有分數」（就算並非客戶的本意）。

由於我的提問，客戶忍不住笑了出來，因此只要我像❷這樣，藉由第三者的說法投石問路，就很容易得到「是」的回答。

接著，對於客戶突然發洩的牢騷，必須與對方感同身受，全心全意地接納❹，這麼一來，客戶就能輕易地向你傾訴他的煩惱。另外，由客戶主動表示「希望孩子取得高分」、「取得好成績是最好不過了」，這是一個關鍵。**絕對不要主動詢問「您一定希望孩子取得好成績是吧」，強迫對方回答是。**

無論如何，一定要讓客戶主動說出這句話：「❸如果能取得好成績就太好了」，這樣客戶對於之後的問題，才容易回答出「是」。因為客戶自己開口說了「是」，之後才又改口「沒取得高分也無所謂」，就變成言詞前後不一致了。

不過，**若是遇到一開始就只給你負面回應，或是以冷淡口氣拒絕的人，慎重地答謝，結束談話就可以了。**不可能要世上所有人都成為我們的客戶，這種情況不妨就先毅然決然地放棄吧！

善於言詞的人，反而無法好好傾聽客戶需求

無法取得約訪機會的人，恐怕總是急於表達自己想說的，滔滔不絕、口沫橫飛，很難靜下心來「**傾聽**」。這一種熱情，常導致事與願違。對於自己的口才有自信雖然是件好事，但自信過剩會造成反效果。

另外很重要的是，有些人很害怕講電話時的「空白」及「沈默」，當提出問題，只要對方沒有立刻回答，便急著確認「喂，喂」，或者視講話空檔為禁忌，以致犯了講話有如連珠砲的錯誤。明明對方只是考慮著：「嗯……剛剛這個問題，我該怎麼回答才好呢？」如果你沒有抱著「傾聽」的態度，就難以取得有效的約訪。

既然機會難得，就好好利用口才不佳的優點吧！透過電話約訪，能有九成的成功率

找到願意購買的準客戶。**並不是我們去選擇客戶，而是購買可能性高的客戶，願意與我們交談。**

只要客戶對於我們拋出的話題產生共鳴，對於未來感覺到希望，平凡無奇的話術也能產生魔法，和想見面的客戶結緣。

小結語

用出其不意的封閉式提問，卸除客戶的戒心，才能進一步得到有效的情報。不一定要對方馬上回答，或者希望能夠接續自己的推銷話術，半強迫式的要客戶選擇Yes或No的答案。

方法3

鍛鍊「被拒絕」的能力

把握回答和提問技巧，誰都可以克服被拒絕的障礙

「掃街拜訪」，就如字面上的意義，沿著街道挨家挨戶地拜訪客戶。電話約訪業務一開始所做的，也是突然地打電話給客戶。不論哪一種狀況，被拒絕都是理所當然的，但即便如此，仍然必須採取行動。

怕生而且口才不佳的你，很容易告訴自己「那是不可能的」、「我就說做不到嘛！」態度變得消極（現在似乎把這種情形稱為「心理障礙」），為了獲得商談的機會，一定得突破接觸客戶時被拒絕的障礙。

對於口才不佳的人而言，可以使用廣告郵件或時事郵件來接近客戶。不過，依照每家公司的方針，也有很多公司只能採取Push式戰略，硬著頭皮去開拓顧客。

第二章提到我在新人時代，因為很怕生、害怕掃街拜訪，甚至還哭了出來。現在心

得滿滿地向各位指導推銷技巧的我，故意揭開這樣的負面印象，當然有我的用意。

就算沒有動機或耐力，也能克服被拒絕的障礙

因為我希望各位能夠了解，任何人都可以跨越被客戶拒絕的「心理障礙」。比方說，有些人因為沒有「期待」或「目的」，所以沒辦法持之以恆。但是，由於想要創業，為了創業所以希望能夠有大筆存款，所以想透過推銷開始起步為目標的人；因為債台高築所以站在懸崖邊緣的人；必須扶養的家人一口氣增加所以必須賺錢的人。不管抱著什麼樣的動機或目的，由於遭受拒絕的痛苦，可能在短時間就被摧毀。

這和年齡沒有關係，所以不需要太在意「最近的年輕人，真的是太好命了」諸如此類上一代的抱怨。

養成不輸給客戶拒絕的「接納技巧」

為了不要輸給客戶的拒絕，並不需要改變你的性格（事實上也改變不了），**只要專業的呈現業務「面具」，再加上養成能夠接受拒絕的技巧，就不會有問題。**

既然使用「接受」這樣的字眼，所以和「以言詞巧妙地反擊」的風格不同，是任何人都做得到的方法。就算是新人，只要掌握這項「**接受拒絕**」的技巧，然後只需要稍加努力，就能適用於推銷工作。

例如你充滿愛心地想為某個人做菜，不管你有多麼深愛這個想讓他吃的對象，完全沒有料理技術，不但對對方的身體不好，也只能做出難以下嚥的料理。相反的，即使完全感覺不到愛，但擁有製作料理的技術，對於吃的人來說既能安心，也會感到開心吧？

業務這種以客戶為對象的工作也是相同的道理，我始終認為**沒有技巧，只懷著「期望」、「毅力」，根本不可能有所突破**。另外，如果沒有伴隨成果，缺乏以推銷工作成就一番事業的幹勁，久而久之幹勁也會消失吧？

■學會接受拒絕的技巧，才能持續做下去

另外，若是學會能夠讓自己坦然接受拒絕的技巧，遇到蠻不講理的拒絕，仍然可以保持平常心。

從事業務工作雖然有很多愉快的事情，但相對的也會發生許多不愉快的事。這種情況下，若是沒辦法「接受拒絕」的話，幹勁可能瞬間消失殆盡。我原本的同事之中，曾

有人因為工作上發生極不愉快的事，留下一句「我不想為了推銷做到這種程度」，就毅然辭職。

但是，繼續留在這一行的人，同樣會一再遭到不愉快的事。只不過，因為學會了必要的技巧，所以不會讓受到拒絕的打擊在心裡烙上深刻的痕跡。這絕對不是因為天生適合推銷，或是少根筋所以被拒絕也不以為意。

小結語

空有熱情理想，而沒有好的技巧，讓自己接受每天的工作挫折，熱情很快就會消耗完畢。成為優秀的業務員和個性、特質無關，懂得「被拒絕」的技巧才是關鍵。

拒絕就是：全盤接受，然後馬上拋在一邊

能夠接受拒絕的技巧，就是在交談中接納對方想拒絕的心情，先從完全「**接納**」開始。換句話說，就是客戶說的話，全部給予「肯定」。

假設你在開拓客戶時，持續受到拒絕，以致失去了工作幹勁，每天聽到的盡是「不用了」、「不需要」、「若是需要，我自己會去買」，或許你會感到十分沮喪，或許因而產生疑問：「我賣的是這個世上不必要的商品吧？」當然，如果你賣的商品確實是這個社會不需要的，或許必須重新衡量比較好。

■正因為是客戶想要的商品，才會被拒絕

但是，我希望你想想看，客戶為什麼會對你說「不需要」？客戶處在這個一應俱全的時代，他們認為：

「因為已經有了，不需要。」

「別家公司的服務已經包括這部分了，不用了。」

既不是因為你來所以拒絕你，也不是因為那是不必要的商品而拒絕你。其實，**你所**

要推銷的商品，不但是客戶想要的，也是必要的服務，才會已經購買或參加其他公司的計劃。因此，當客戶說「不用了」，你只需在內心點頭同意：

「是的，你已經使用了其他公司的商品了對吧？當然你會說不用了，我很清楚這一點，所以才來拜訪喲！」

■客戶需要你的產品，只是他們還沒發現

因此，我希望你**面對客戶的任何回答或反應，都要全部接納**。在剛開始接觸的階段，按照對方所說的照單全收，絕對大錯特錯。這一點很重要，絕對不要完全照客戶說的去做。

只有在剛接觸的階段，**對於客戶的拒絕，接納之後，就要立刻拋開**。與其交談時，對於客戶的拒絕你推我擋，不如全盤接納後立即拋一邊比較好。

至於為什麼需要先「接納」？這是因為人們對於否定自我主張的對象，很容易因而形成對立關係。

對方是對你還沒解除警戒心的客戶，這並不是客戶主動來要求商談，所以，若是你不「接納」他的拒絕，繼續採取緊迫盯人的問答，即使對方有潛在的需求，原本可以進

一步商談，也會在這裡劃上句點。請把接納視作進入下一個階段的門票。

另外，**業務員自己說出「您是不是沒興趣」這句話，肯定會結束和客戶間的對話，等於搬石頭砸自己的腳。**

5個原則，順利應對所有拒絕

那麼，對於客戶的拒絕或反駁，究竟要怎麼樣「接納」才好呢？應對拒絕的第一句話，可以分成下列五種。

■善用接納的5原則，再加上語氣的抑揚頓挫

❶讚美：「您了解的真詳盡」、「您的房子整理得真乾淨呢！」

❷勸慰：「百忙之中叨擾您真是抱歉」、「麻煩您親自到訪，真是不好意思」

❸表示同感：「我了解您的心情」、「我也有同樣的想法」

❹贊同：「的確如此」、「您說得對」

❺道歉、感謝：「非常抱歉」、「謝謝您的指正」

運用這五項原則，開口時的訣竅是**加上抑揚頓挫**。自認為很平常地說了「原來如此」，別人聽起來卻覺得很冷淡。「喔～！原來如此！」，稍微誇張「喔」的部分，「原來如此」則稍微委婉。自己覺得有點像在演戲般，稍微有點不好意思的感覺最恰到好處。

■沒有接受拒絕，直接拋在一旁＝單純的忽視

腦子裡在接納應答時，隨時都要記住這五項「接納」原則。即使想糾正客戶的錯誤時，第一句話仍應先給予「肯定」。**如果第一句話沒有先加上「接納」對方的言詞，就沒辦法「接納」，而變成單純的「忽視」**，所以務必牢記要加上去。

接受「拒絕」，然後拋開，接下來重新回到你的話術流程。只要隨時留意這五項原則，加以實踐，你商談的機會一定能夠大增。

拒絕你的客戶，更要「讚美」和「認同」

也許有人會納悶，被對方拒絕，卻要加以讚美，究竟是怎麼一回事？以下舉出實例說明。

鼓勵客戶汰舊換新，或是推薦以自家公司的服務汰換他家公司的服務，而客戶拒絕

你的理由是，「就算款式跟不上時代，東西還能用，我不需要新商品」。

這種狀況下，**業務、推銷員容易犯的錯誤是當場指正客戶的錯誤**，「但是，保固期間已經過了，考慮到保養維修等問題，更換新的商品，可以得到更好的售後服務……」像這樣斬釘截鐵地反駁客戶，客戶即使知道你的說法正確，心裡仍然感到不舒服，客戶無法立即反駁，想說的話只能默默地吞回肚子裡。

「您說得沒錯！的確應該更珍惜、更長久地使用物品。真是謝謝您。」以這樣的方式，**讚美對方的方針及態度是一大重點**。

「**讚美（＝告訴對方『Yes』）**」然後再繼續進行推銷話術的方法有兩種。

❶讚美「Yes」之後，以「But」繼續的例子

「您說得沒錯！的確應該更珍惜、更長久地使用物品。真是謝謝您。只不過，○年前的款式，通常都比新商品消耗更多電力，我手邊有一份電費比較的相關資料，請您先參考看看！」

❷讚美「Yes」之後，以「And」繼續的例子

「您說得沒錯！的確應該更珍惜、更長久地使用物品。真是謝謝您。就是因為您是很愛惜物品的客戶，所以我想您對於商品使用不便之處一定非常清楚，希望請您不吝賜教。」

不論是哪一項，只要因應當時狀況，選擇合適的做法就可以了。

但是，不論任何狀況都只會一再贊同對方，使人覺得流於形式時，一定會強烈散發出「強迫推銷」的氣息，所以適當地在其中加上起承轉合，是接納對方拒絕時的關鍵，必須經過反覆的表達練習。

先接納客戶說法，再修正誤解

我在推銷研習時提到，「在接觸客戶階段，對於客戶說的任何內容，都要先認同。」其中有位學員提出這樣的問題。

「若是客戶說：『你們公司的商品不是比較貴嗎？我聽說B公司的商品比較便宜，所以打算跟他們公司買。』然而事實上並不是全部商品都是我們公司比較貴。若是先認同，豈不是等於承認我們公司的商品比較貴了嗎？」

學員很擔心客戶是否會被競爭對手搶走。的確，若是選擇最便宜的組合，競爭對手的價格確實較低，但是自家公司最推薦的商品組合，以同樣的功能和同業相較之下，其實自家公司比較便宜。

■接納客戶拒絕時，別讓自己下不了台

因此，若是依教材上寫的照本宣科，反而強調「沒錯吧？B公司比較便宜對吧？」導致客戶選擇其他公司商品。但是也不能因此而立刻反駁客戶，「沒這回事！我們公司的商品便宜多了！」這麼一反駁，馬上就會發散出「強迫推銷」的氣息，客戶一定會看穿你的內心而退避三舍。

這種情況下，絕對不要否定客戶所說的話，無論如何都要給予肯定。但是，認同的絕不是「其他公司比較便宜的事實」，而是**僅僅認同「一般人都認為其他公司的商品比較便宜」**。

「您說的是。確實B公司的電視廣告很強調這一點呢！」

「確實一般人似乎都認為B公司的商品很便宜的樣子。」

類似這樣的說法，然後直接回到推銷話術流程。

頂尖業務絕不用的3種回答模式

若是要列舉容易犯錯的「回答禁忌」，絕對是以下三項！

❶重複對方說的話：反而刻意強調對方的拒絕

重複對方的話，如果是在進入商談的階段，為了重整及確認對方的想法，極為有效。但是，在剛接近客戶時，面對客戶的拒絕，**若是有如鸚鵡般地重複，反而變成刻意強調對方的拒絕**，對話將無法持續進行。

客戶：「我們已經買了其他廠牌，所以不用了。」

業務員：「啊！已經買了其他廠牌了嗎？」

一旦有如鸚鵡般地重複對方的話，是不是很容易變成自掘墳墓，客人很有可能會這樣回答：「是的，所以不用了。」

❷隨口讚美對方：應著眼在客戶費心的地方

另外，過度只想著稱讚對方，以致隨口讚美也不好。在客戶的警戒心還未解除的階段，一直讚美對方，很容易使得對方認為「**只想討好我，感覺一副別有用心的樣子**」。

讚美的要訣，應當**著眼於對方特別費心的地方**。在此介紹我一個後輩，讓對方立即卸下心防，達到讚美效果的實例。

「咦？原來您養了貓？屋子裡完全沒有貓毛，所以我一點都沒注意到！」或是「完全沒有貓的味道呢！是不是您餵的飼料特別費心呢？」像這樣注意到客戶特別打掃清潔的地方，加以讚美，由於是當事人努力的成果，所以對於注意到這一點而讚美的人，會特別有好感，「這個人完全了解我呢！」

❸惺惺作態的道歉：沒發自內心，會招致反感

此外，有關「道歉的用詞」，很多人一開始推銷話術手冊中，剛開始會以「在您百忙之中打擾了」作為開場白，雖然不是不好，**但是道歉若沒有發自內心的話，反而會招來反感。**

我認為，不如在對方表示「我現在很忙」時，立刻由衷地道歉：「真的很抱歉！打擾了！」反而比較好。

老手反而更不容易應對客戶的拒絕

推銷資歷較深的人陷入瓶頸時，對於接近客戶時的拒絕，更容易形成對峙，無法輕易接納對方的拒絕。由於**自認對於商品的知識豐富，很容易基於希望快點進入正題而過度急切**，對於拒絕的客戶，不自覺地表現出資深業務員特有的態度，自認為「只要進入商品說明，我就有自信能說服客戶」。

■豐富的經驗卻成為下意識反駁客戶的絆腳石

面對客戶的拒絕，自以為是地回應：

「請您別這麼說，先看一下這部分的內容。」

「不，只需一分鐘就夠了。」

等於客戶說一句，就反駁一句，這麼一來，只會遭受客戶更強硬的拒絕。

接近談話重點時的拒絕，就和客戶的寒暄相同，若是忘了這時的拒絕和其他的區隔，過度嚴肅地處理，反而越容易形成惡性循環。被客戶一再強烈拒絕的話，即便資深業務員也有可能染上拜訪恐懼症。

在進入真正的市場前，不妨先和辦公室的同仁，進行事前演練。請扮演客戶的人儘量丟出拒絕問題，運用我前面說的「接納五原則」，徹底練習「肯定地接納，然後拋開」。

這麼一來，你和客戶都可以從爭鋒相對的問答地獄中解放，相信你一定可以增加更多訪談機會。

小結語

掌握「接受拒絕」的5個技巧：讚美、勸慰、表示同感、贊同、道歉和感謝，就能突破被拒絕的障礙，順利進行原本演練好的話術。從接納開始的回覆，不僅可讓客戶放下戒心，也能免除你一言我一語的衝突對話。

方法
4

要提升溝通能力，一定要做筆記！

詳實記載的業務筆記，口才再差，也能成為頂尖業務員

「不要簡化，一五一十地記錄發生的事項」，這是我的業務筆記原則。因為一五一十地記錄下來，所以不可能採取條列式，依狀況甚至會把對方講的話完全照抄下來。雖然乍看之下，筆記方式很沒效率，然而多虧這些筆記，原本賣不出商品的我，竟然能夠一口氣突飛猛進，學會業務必要的溝通能力。

為什麼這麼單純、只是透過「書寫」的方法，竟然可以展現效果呢？

簡化、美化過的業務筆記，對自己沒有幫助

我們先回到「業務日誌，是基於什麼而存在」的原點來看這件事。如果你是從事業務工作的人，寫「業務日誌」交給上司，或是向主管口頭報告，應當都司空見慣的每日

行程。

一般的業務日誌，多半不會把事件的事實和現象一五一十地記下來，要是這麼做，報告過度冗長，沒有要點，只會浪費主管的時間。

而且，一般業務日誌的目的，是對於不在現場的人，能夠有一個判斷的依據。但是，我們卻經常在書寫的時候，省略表現不佳的地方、故意強調某些事，**在書寫時加以粉飾讓報告比較「體面」**。

不是記錄結果，而是表現自己有多麼努力的「誇張」，對於自己的失態一筆帶過的「省略」，刻意避開不好的結果加以「美化」，敷衍怠惰的地方，在字裡行間出現「抽象的表現」。

如果業務日誌一直都是這個樣子，**推銷能力就不可能進步**。但是，書寫之際，一想到「這裡這麼寫，一定會被主管叮得滿頭包吧？」想到主管的反應，就不禁寫下較為安全的內容。我也曾有過這樣的時期。最後雖然寫得看起來很積極，充滿幹勁，其實只是想避免挨罵而取巧（笑）。

做筆記，才能回顧現場關鍵細節

我的想法開始轉變，是因為主管的一句問話。

有一天，我沒簽成合約，垂頭喪氣地從客戶家回到辦公室。當天出發前，因為我自信滿滿地宣稱：「我對今天的約訪很有信心！」因此主管要求我詳細說明當時的狀況。這位主管，平時不要求我們寫業務日誌（因為他不看），也不要求我們報告，是一位對部屬相當放任的主管。

■父親發怒，讓推銷現場氣氛急轉直下

那一天我拜訪有中學生小孩的家庭，讓孩子和媽媽一起看了學習教材的樣本。談話過程極為順利，但是中途回家的父親突然大發雷霆，毫不客氣地打斷我們的談話。

這位爸爸毫無預警地暴怒：「給我滾回去！」使我完全措手不及。對我而言，至少期望當場能盡該有的禮節，才能繼續業務推銷，但這樣的收場，使我懊惱不已。原本和諧的氣氛急轉直下，當天只能草草收拾打包回家。

我告訴主管這個狀況後，主管問我：「**當下孩子和母親是什麼表情？**」

「咦？我只記得父親的表情……」

我應該也有看到母子兩人的表情，卻怎麼也想不起來。

「母親和小孩，看到父親當時的狀況，是慌亂不知所措？因為氣氛被破壞很生氣？很厭惡的神情？還是嚇一大跳？」

「媽媽……看起來慌亂不知所措，小孩子……是什麼狀況呢……」

「你的注意力只放在父親身上是吧？但是，應當注意的是母親和小孩的反應。如果父親這種態度已是家常便飯，他們的態度就會是『又來了』，表現出不耐煩的表情，等到父親的怒氣如暴風雨平息；相反的，若是父親平時不是這樣的人，孩子就會表現出吃驚的樣子對吧？」

「……」

「父親是受到家人仰慕？還是厭惡？或是害怕？必須依據那一瞬間，母親與孩子的反應，採取不同的應對方法。要不然，你等於只是給對方製造不愉快的回憶罷了！」

■觀察現場氣氛和客戶反應，才能掌握成交的關鍵點

我受到很大的衝擊，**過去自以為很用心觀察客戶的一舉一動，但其實只是看著客戶**

的舉止，很多事情我根本沒有仔細觀察。

的確，「毫無預警」、「原本和諧的氣氛急轉直下」，都只是我單方面的感受。而且，我內心暗自期待，「既然是這種情況，簽不成合約也不是我的錯」，希望因而受到主管的認同。

從那一天開始，我決定盡可能忠實地把業務談話現場的實況寫下來，不是以記錄為目的，不是寫給別人看。我不再只是簡要地記錄「簡單說來，就是這麼一回事」之類的綱要，而是**為了事後更清楚地回想細節**，並且把當天的情況立刻記錄下來，養成每天的習慣。

筆記紙用一張A4紙，兩色書寫

寫筆記的方法非常簡單，我當時使用的是公司內部的A4大小的約訪記錄表（約訪時記錄的客戶情報）。我把這張記錄表按照日期順序，裝訂在兩孔資料夾裡。若是沒有這張表格時，就用活頁紙或白紙自行製作。資料夾的格式，只要往後重新檢視時方便就好，哪一種型式都無所謂。

在拜訪客戶前，我會先把要提供什麼樣的情報給客戶，先寫在記錄表上。和客戶碰面時將會如何談論情報，先預想狀況，並預測客戶的反應，然後演練適當的應對方式。這樣的做法，任誰應該都做得到。

■推銷前的沙盤推演用黑筆，拜訪結束後用紅筆補充

我通常都是一回公司，或是在半路上就書寫業務筆記。**推銷前所寫的，通常都用黑筆，拜訪結束後，在紙張空白處或背面，再用紅筆註記。**

當然，如果要把業務推銷內容從第一句話寫到最後一句，寫完大概天也亮了，所以和每位客戶都會講到的寒暄、開場等共通的內容只好割愛。

突然發生的事態，或是只有針對某個客戶而擬出的話術或對策，以及客戶針對這些有什麼**反應**，我會把狀況記錄下來。尤其當**現場和預測的發展不同**時，我會在事前寫下的內容旁邊，加上箭號補充說明。

提升溝通能力的業務日誌，就該這樣寫！

電話約訪記錄

拜訪日期	12月2日（星期五）	AM PM 19:00	負責人	長谷川 12/2　16:00
【客戶姓名】山口大輔			（○○）××××－○○○○	
【住址】 大阪市住吉區一丁目○－○　△△大樓 201 號			五層樓的公寓／ 1F 是便利商店	
第三中學二年四班			**社團**　棒球社（固定成員）	
【學習方法】 明日補習班（英、數）週一、週三			**擅長科目** 無	**不擅長科目** 英文

（手寫註：大阪府夏季大賽前十六名）

（手寫註：私人補習班小班制、中學一年級寒假開始）

採訪狀況

・**期末考的目標**：100名以內／188人當中（目前落後相當多）
過去最佳成績60名（中學一年級第一學期）

・**理想學校**Ⓜ：「最好能進入北高」 ← 目前成績差距約為4～6

本人：「還不知道」

不知道如何準備副科筆試測驗

・**姊　高一（私立）**

Ⓜ「下次期末考若未進入前100名，就不准再參加社團」

真心？威脅？

這應該不是真心的吧？只是希望他能更努力對嗎？

Ⓜ YES！

Ⓜ：「姊姊（T高中一年級開始補數理科）
是能自動自發用功的孩子。
中學三年以後才開始就太晚了，
棒球應該適可而止」
（一打開話匣子就停不下來的Ⓜ）
補習費能夠帶來安心？
➔Ⓜ大大地同意

（當事人低頭不語）
制止Ⓜ繼續再說下去！
姊姊是姊姊，大輔是大輔！
中學生活一輩子只有一次，
不是停止社團，而是思考如何兼顧社團與課業！

結果

（簽約）・簽約失敗

【備註事項】
商品說明如常
（和大輔約定）
考試期間不能打電動，
揮棒練習OK！

不過，也要諒解媽媽的心情！
（POINT！絕對不要讓Ⓜ當壞人！）
代替大輔向媽媽傳達他的心情；
向大輔傳達媽媽的心情。
要做雙方的橋梁！

Ⓜ＝Mother（媽媽）

灰底圓圈的部分，
是補充推銷現場發生的事情，
實際上以紅色書寫。

仔細觀察周圍的情況及周遭的人的反應後，直接記錄下來。

不要用錄音，立刻寫下來

回顧自己的業務筆記，其實也能使用錄音的方式，但是我沒有使用，因為不可能每天重複去聽錄音。利用錄音筆（以前是錄音帶）來檢核自己的說話方式，是一個非常有用的工具。

不太方便的一點，若是錄了一個小時的商談，就得花一個小時去聽。商談多半不是一天只有一件，我了解自己的個性，可能不會聽，光是囤積錄音帶（笑）。現在市面上雖然有可以調整速度的機種，但耳朵能接受的速度畢竟有極限。

另外，錄音能夠確認的，只有麥克風收錄的聲音，**對方的表情及周遭旁人的反應等，非語言的部分都難以確認。**

用筆記回顧加強記憶，磨鍊溝通能力

做這個業務筆記的目的，是提升自己的能力，**「成為一個能對察覺到的事，立即做出適當反應的人」**。我想很多不擅人際溝通的人，也對這一點感到很苦惱。

原本一邊商談，同時希望如何思考，做出最恰當的反應。就算對方的反應不是在預測當中，也希望及早得知對方想要的東西，每一個狀況下選擇出最適當的言詞，以行動表現出來。

但是，我口才不佳又怕生，因為自己能力不足所以做不到，所以每當商談結束，我總是確實地回顧進行練習。

■沒時間當天回顧細節，寫下筆記慢慢回想

腦子裡思考的東西，不至少回顧一次，就很容易遺忘。話雖這麼說，學習的事物也未必能夠在隔天立即派上用場，因此需要寫在筆記上。另外，如果當天不寫下來，記憶常會變得模糊不清，書寫本身將變得更麻煩，所以，必須立刻記錄下來。

我認為只要這麼一來，能夠因而磨鍊推銷技巧（簡單說，成果伴隨而來），在與客戶的商談中反應變快，迅速做出最佳反應就很棒了。寫業務筆記的時間只要從其他事項撥出來就好了。

失敗的原因不在「沒做的事」，而是「做了的事」

寫筆記時，在腦子裡有如播放錄影帶般，一邊回想一邊記錄下來。回想的畫面是和客戶之間的交談過程……因此，首先需要的是**無微不至的觀察**。如果全副精神都放在自己的談話，就沒辦法從容觀察客戶的反應，尤其當對方有兩人以上在場時。

因此，必須有另一個自己，**以第三者的角度，更客觀地觀察自己**。

對客戶充滿熱情地說明，一方面卻必須控制自己，避免一頭熱，冷靜地確認客戶的反應。提醒自己「心要熱，腦袋要以平常心」，為了做到這一點，事前先整理想對客戶說的內容，如果沒辦法流暢地說出來，也做不到觀察客戶這點。

■把重點放在整體的狀況上，找出容易錯失的細節

筆記內容有時很少，有時則是長篇大作。寫出長篇大作時，大概都是很多地方「有待改進」的銷售個案。我儘量不把重點放在幾個項目，如客戶的表情、用詞、動作等等，而是**注意整體的狀況**。比方說聞到很香的食物味道時，就該想到：「客戶大概認為商談時間很短，所以還沒有用餐」，站在對方的立場體諒對方。推銷失敗的個案，**比起**

「做了不該做的事」，更多的情況是有太多「忽略或沒做該做的事」。

漫不經心地從事推銷，根本無法察覺自己究竟什麼地方做錯了。一般來說，向主管報告時，你總不可能說「我沒專心在推銷」。因此，為了能夠製作出完整的報告書，多少會更用心一點。

■需要改進的個案另外存檔，方便翻閱檢討

若是認真地持續寫下去，資料夾很快就會裝滿了。「改進部分」很多，特別值得參考的案例我會單獨抽出來，放置在特別的資料夾中。不過，說是特別，其實只是封面顏色不一樣而已，這本藍色、特別的資料夾成為我最常翻閱的內容。留下經過思考、糾結、一再嘗試錯誤的足跡（也就是我推銷的歷程），之後閱讀時，才能更容易回想出當時的狀況。

這本「提升溝通力的業務筆記」，直到我能夠順利把商品賣出去之際，一共持續了五百天（約一年半）左右。能夠讓我持續的訣竅，就是**徹底執行「立刻書寫整理」**。

這麼做的過程中，儲存了許多成功與失敗的事例，沒有任何誇張、美化的推銷案例集。能發揮這麼大功用，完全屬於自己的案例集其他地方絕對找不到。失敗的案例，確

實檢討重新學習；成功的案例，為了能夠重新再現，也必須確實分析成交原因，而不是看到結果就好。

成交的關鍵，就在談話細節裡

「一五一十的把全部內容寫下來，這種方法也未免太笨了。不需要特地寫下來，腦子裡應該也記得不是嗎？」

不寫筆記就能做到的人，當然不做筆記也沒關係。筆記術，是一種需要良好耐性的方法。

■書寫是幫助回憶細節的最佳方法

但是，藉由「寫下來」而達到的成效，簡直大到無法計算，尤其是經驗尚淺的時候，無法掌握他人話中的真意、難以立刻了解的情況，誰都曾經有過不是嗎？而且，往往很快就忘記當時的情況了。

然而，只要用手寫下來，就能夠記住。「我曾經相同的案例」、「之前也聽過同樣的事情」，只要打開過去的筆記，以前還未能理解的事項，和現在串連起來，就能使知識記得更牢。當重複閱讀時，就能夠出乎意料地注意到談話中枝微末節的部分和客戶想表達的心情。

最有效的是從客戶的反應，專注去聆聽他們的真心及真意，我開始注意從前到漫不經心地推銷時，沒觀察到的事項。那時候我終於了解：**要怎麼才能把商品銷售出去的提示及答案，都能從自己與客戶的應對中找到。**我更察覺和客戶接觸時，不可能發生不管做什麼都無所謂的行為，或是說出毫無意義也沒關係的言詞，這是一大收穫。

因為這個方法，大幅提升了業務推銷必要的溝通能力。

小結語

不管是誰，只要用對筆記術，就能確實地提升與客戶的溝通能力。先拋棄「要給上司看，所以得要精簡美化」的畏縮想法，詳實記錄拜訪筆記，不僅加深自己印象，也方便事後回想，並再次演練更好的回覆方法。

詳細的筆記，能減少簽約後又解約的機率

在簽約商談的過程中，完整的紀錄很重要，後續為了減少簽了約卻被取消的機率，「提升溝通力的業務筆記」也很有效。我在新事業剛成立時，由於簽約件數增加的緣故，接下來為了減少簽約後又解約的狀況，我要負責部門讓我看相關資料。

■客戶解約的理由，全都是「個人因素」？

行政部門的工作人員接聽電話，受理客戶解約的申請，將客戶解約的原因記錄在帳冊中：對現況覺得滿足、家人反對、有支付的困難、考慮買其他家公司的產品……。

這是真的原因嗎？我當然不是認為上面所寫的不是事實，只不過，推翻曾經一度決定簽約的理由，我認為其中原因絕對不是表面所寫的這麼單純。

因此，我要求行政部門的負責人，更詳細地記錄解約的原因。負責人回答我，「記錄欄必須控制在十五字以下」。

「但是客戶解約的原因不限一項對吧？那麼，如果客戶寫了『我對於現況已經很滿足，而且家人也反對，仔細想想每月付款金額也過高，所以決定找找看其他家公司的類

似商品』，像這樣列出四項原因的狀況，你們都怎麼記錄？」

「匯整成一項，『基於個人事由』。」

哪有這麼蠢的事？**優先考慮字數限制，卻捨棄這麼重要的情報？**

還有，他們可能認為只要由銷售負責人去詢問客戶原因就好了，問題是之後客戶多半不會願意再告訴我們。這是因為就算單純只想詢問解約的原因，客戶卻可能誤解為：「為了阻止解約才打電話來的吧？」而急於想結束交談的情況絕對不在少數。

■幫助業務員了解不足，更需要仔細的記錄

「書寫格式加以調整，加寬欄位的話，不就可以寫到兩行或三行了嗎？」

「這樣的話，錄用行政人員的標準，就必須加上『文章表現能力』了。」

「（說什麼蠢話！）只需照著寫下來就好了！只要會說話，就可以做到了。」

「……要轉化成文字，相對地花上許多時間，效率將會變差……」

「我想從中了解，業務員是否並未在客戶真正接納的情況就簽約了。針對業務的作業疏失找出因應對策。你有考慮過行政人員記錄多花一、兩分鐘，和放任解約的狀況不處理，哪一邊的成本較高嗎？」

這個負責人真正想說的，是一旦下達必須耗費時間的工作命令，部屬一定會抱怨。誰都不喜歡毫無意義、浪費時間的工作，但是**更詳實的記錄，能減少往後的解約件數**，這關係到是否能減少只耗費了銷售成本，連一塊錢都沒賺到的工作。我要求他把「為了什麼目的必須這麼做」，這麼做以後能夠期待的效果，確實傳達給部屬。第五章我將介紹的「面臨解雇的員工」小組，我便要求他們徹底執行這項筆記。

小結語

詳實記錄拜訪過程，除了加深印象之外，最大的好處是因為有了實際的「記錄」，在日後發生類似的狀況時，能夠找到前例，避免發生相同的錯誤，日後拜訪其他客戶時更有效率。

確實寫下「業務筆記」，成交率絕對會上升

在有效率工作下工夫的原始目的，就是為了提高生產性。即使單純行政作業的筆記，由於方法不同，也可以轉變成「創造金錢的工作」，所以不能在這件事上敷衍了事。

事實上，我自己剛開始做「提升溝通力的業務筆記」時（還在扮演不成材的業務員時期），我甚至於還沒注意到它的效果。當時的動機，只因做總比不做好，日積月累下，推銷應對的狀況似乎會增加。就結果而言，推銷成功率大幅提高，乍看沒效率地詳實抄寫筆記，立了大功。

只要推銷成功率上升，目標就能更早達成。而且我也記得刷新自己的業務成績最佳記錄，同時一再創下全公司業績記錄，我比別人在公司的時間更短。也就是說，單獨看記錄業務筆記這件事似乎很沒效率，但整體來看，卻可以說效率佳、生產性更高。

詳實寫下與客戶交談時的狀況，乍看之下要花費許多時間，但如同我前面所提到的，用筆寫下，就能記錄當時現場氣氛的微妙變化，畢竟在短短的商談時間內會發生許多事，就算事後回想也未必記得住；而且透過「書寫」的動作，還能加深自己的印象，

避免在類似的場面犯同樣的錯誤。

因此我對於在推銷時靈光一閃的「就是這個！」，把當下的想法忠實地記錄在筆記上的習慣，直到現在仍然固執地持續著。

第4章

5分鐘講完！成交率突破9成的說服話術劇本

掌握「消費者行為」，人人都能成為銷售冠軍

重點
1

4種說話方式，容易讓對方留下深刻印象

熟練說話「劇本」，先引起對方的興趣

決定客戶是否購買的關鍵，話術的效果有很大的影響力，因為對推銷而言，語言是一項武器。接著，讓我來說明「話術劇本」的編寫方式。

劇本之所以重要，是因為**向客戶推銷，並不是以自己獨具一格的方式，或突發奇想的話術，就能輕易順利地推銷出商品**。相反的，如果是用心編寫的劇本，任何人都能達到推銷的最高成效。

方法1 按照消費者行為流程，排出必勝模式

我所參考的是美國廣告學家E. St.劉易斯（E. St. Elmo Lewis），透過消費者的購買流程，在他的著作中提倡的「**AIDMA法則**」。

這是市場行銷戰略教科書必學的基本知識，從消費者看到廣告，知道有商品開始，循著**注意**（**A**ttention）➔**興趣**（**I**nterest）➔**欲望**（**D**esire）➔**記憶**（**M**emory）➔**行動**（**A**ction）的流程。

■將消費模式運用在主動的「Push式戰略」

這個**「消費行為」模式**，運用於Push式戰略（電話約訪或掃街拜訪等），則是「K＋AIDCA」。其中的「K」，是Push推式戰略附帶的，也就是**客戶的戒心**。另外，把比較的原本的記憶（M）代換成「**比較**」（**C**omparison）。

如果想告訴客戶，什麼才是有幫助又很棒的商品，一定要**先引起客戶注意**，「哇！這是什麼？」然後激發客戶興趣，「看起來好棒喔！」

為了消除客戶「比其他商品更好嗎？」的不安，列舉和競爭商品相較之下的優勢。然後**消除客戶的疑惑**，「有付出金錢的價值嗎？我有辦法負擔金額嗎？」讓客戶採取購買行動。

這個過程毫無遺漏地循序漸進，是商品說明的骨幹，然後依循這個骨幹填上台詞，編寫成話術劇本。

這樣的準備雖然很花時間，但只要編寫一次，就能長期使用。商品的內容、價格，或是相關法條修改時，話術的表現雖然需要修飾，但只要基本架構建立，修改局部內容不會是太大的問題。商品的價格越高，或者越不輕易賣出的商品，無視於購買行為流程，而使用自己獨特的劇本，越賣不出商品。

方法2 配合4個訣竅，說話對象會對你印象更深刻

話術劇本，以自然的談話為基礎。以下介紹容易讓對方留下印象，並使得客戶印象更深刻的訣竅：

❶頻繁地稱呼客戶的名字

讓客戶願意傾聽我們說話，最好的辦法就是叫他的名字。在劇本原稿中，也務必註明「○○先生（小姐）」，在練習階段就養成稱呼顧客姓名的習慣。

❷語氣的變化

一味使用官腔官調說明的語氣，將會使你的說明變得很枯燥。不妨在交談過程中，

用「K＋AIDCA」消費公式，寫出高成交劇本

警戒	訴求重點	客戶心理
注意 Attention	＊接觸 ＊抓住需求性 「新商品」「新款式」 「促銷活動」	＊咦？說不定和我有關？ ＊不了解一下就虧大了？
興趣 Interest	＊激發需求 ＊印象深刻的某個訊息 ＊焦點置於客戶的煩惱	＊似乎能解決我的煩惱 ＊我一直想要這樣的商品 ＊以前都沒有這樣的商品
欲望 Desire	＊說明並展現商品特點 ＊優異的部分、便利性 ＊強調購買後的滿足感	＊這個好像很棒 ＊好想要這個 ＊好想用看看
比較 Comparison	＊提議改善現狀 ＊價格的優勢 ＊傳達競爭優勢	＊和目前商品相較之下如何？ ＊其他品牌也有類似商品嗎？ ＊能以更便宜的價格買到嗎？
行動 Action	＊提示申請、支付方式 ＊減少付款風險 （退款制度） ＊稀有性、急迫性 （期間限定等）	＊現在應該立刻申請加入嗎？ ＊要是買錯了呢？ ＊現在不買會不會後悔？
滿足	＊乘勝追擊、 提高客戶期待 ＊使用方式的指導、 支援體制 ＊明示諮詢及聯絡方式	＊等不及拿到商品了 ＊要是有問題，有人可以幫我解決嗎？ ＊若是好商品就介紹給別人

適度變化語氣，才不會讓客戶感到枯燥乏味。

【提問】「您知道有這項功能嗎？」

【確認】「最近大家都在談論這個話題，我想您一定聽過。」

【推定】「我想您的家人一定都會很開心。」

【斷定】「試算之後，可以節省10%的成本。」

❸架球——製造懸疑感

轉移話題，想令客戶對下話題留下更深的印象時，不是平鋪直述地轉移，而應適當使用「架球」（打高爾夫時，將球置在高球位上，讓開球時，可以飛得更高、更遠、更準），不過，要是使用得過度，會令人覺得厭煩，若是完全沒使用，又好像變成一個人唱獨角戲，交談將十分乏味。

「採用這種方式，是有原因的，您知道為什麼嗎？」稍微賣點關子，提高客戶的期待，然後再繼續說明。

❹用筆輔助

指著準備的資料說明，想從頭到尾吸引客戶的注意力很難。不妨使用白紙，**以圖解**

說明，或是邊說明邊寫下關鍵字及數字。時機以進入商品說明最高潮之前為宜。這樣可以讓聽你說話的**客戶產生參與感，容易專注**，對於之後的提案或是商品樣本的期待升高，能產生良好的效果。

小結語

別出心裁的銷售話術，或許對特定族群有效，但是未必適用於全部的客戶。依據專業的「消費模式」編寫的話術劇本，掌握消費者各階段的心態，加上4個加強客戶注意力的絕竅，無論任何商品、任何類型的客戶，都能達到九成的成交率。

只改一個字，推銷話術的魔法竟然就消失！

我認為有「大賣特賣」的魔法話術，不過，雖說是魔法，卻必須非常注意其中的微妙之處。日常會話中若無其事使用的言詞，在話術中即使只是一個字的差異，給客戶的印象也會產生一百八十度的轉變。

要是激怒了客戶，你會察覺「啊！我是不是說錯了什麼話」，只不過，很多時候並非如此。「雖然商品感覺還不錯，但總覺得不想買了」，客戶通常只是悄無聲息地離去，若是你根本沒注意到自己的失敗，將一再地重蹈覆轍。

■實例❶為什麼不能說：「就算女性也做得到」

以前曾經在某家國產車的銷售賣場會客室看到的促銷簡介：

「就算是女性，也能輕鬆將車子停進車庫！」

宣傳的那款汽車的賣點，是能以攝影機拍攝從駕駛座看出去的死角部分，確實相當的便利。

然而，問題在於「就算女性」的這句宣傳詞。如果這不是海報的廣告詞，而是出自男性推銷的口中，聽到的人感受想必大大不同。如果我說其中含有對於駕駛技術不佳的女性「輕視的眼光」，想必大家也不會感到意外。

確實，一般人的印象中，停車入庫有困難的，以女性駕駛居多。不過即使女性主動表明「我不太擅長停車入庫」、「我不會路邊停車」，**被他人挑明「技術差」卻又是另一回事了。**

或許這句廣告詞並非針對女性的宣傳詞，而是對男性顧客說的，「即使您的太太也能輕易地停好車子，也不用再加裝車頭判位桿了！」

只是一句「就算是女性」，就可能把客戶趕跑了。

■實例❷自以為貼心周到，卻暗藏「瞧不起」的關鍵字

「我完全沒有瞧不起客戶的意思啊！」這麼想的人，只要用其他的例子設身處地想一想，應該就能了解了。

西裝筆挺的業務員對你說：「這個保單規劃，我想就算是（年收入較低的）您也負擔得起。」感覺如何？

畢業於令人欣羨的一流大學的補習班講師對你說：「如果是這個講座，就算是（成

績不佳）您也一定跟得上。」你的感受又是如何？

■改變關鍵字，消除「瞧不起」的隱藏含意

現實中的交談，括號中的部分應該沒有人會說出口，但即使沒有說出口，聽的人心裡也很明白。

聽到這些話，難道你會認為「真是貼心！連為條件較差的人也設想周到！實在太感謝了！」恐怕不會吧？這就是客戶的真實感受。上面所舉的汽車促銷廣告上的「就算女性」的用詞，和這兩個例子相同。

但是，如果我們把「**就算**」的用詞拿掉，又會是怎樣呢？

「成績不佳的你，參加這個講座一定能跟得上！」

這樣的用詞感覺就和緩多了，只是一個用詞的轉變，就能為話術施加魔法。

方法3 用第三者話術，讓其他客戶為業務員背書

強化印象時，如果要使用「就算」這個用詞，有它的訣竅，就是**當事人用於形容自己的狀況時**。

以前日產汽車的電視廣告，讓扮演女性顧客的演員說出：「**就算是我，也能成為倒車入庫的高手。**」這句台詞。

如果是**用來形容自己**，「就算家庭主婦的我」、「就算運動白癡的我」、「就算虎頭蛇尾的我」，不管哪些負面用詞，都不致於傷害到對方的情緒。

不過，在推銷場合，如果是經常為客戶保管車輛的人，就不能說「就算不擅長倒車入庫的我也能輕易做到」（這會被客戶吐嘈「不會吧？原來你不太會倒車嗎？」）。

■「吐槽自己」和「大家都說」，同樣能強化商品特性

因此，這時不妨使用「**第三者話術**」。表達商品優點時，讓感受到商品利益的客戶，為業務員的你發聲，在第三章也曾提到這個方法。

「在女性顧客中大獲好評，大家都說：『就算不擅長倒車入庫的我，也能輕易做到！』」

這就不是賣方的意見，而是客戶的感受，只要能夠費心加以調整，客戶的感受就會大大改觀。

思考話術並寫下之後，當然要出聲唸出來。另外，也可以請人幫你唸出來，自己設

法**站在客戶的角度，想像看看客戶聽到的感受**。

檢查重點有下列兩項：

❶有沒有強迫買方的感覺？➜「這個商品很棒吧！這應該很適合你！」這樣的說法，完全是站在賣方觀點的用詞。

❷是不是有站在對方的立場，為對方設想？➜就如汽車廣告詞般，客觀地看看自己的立場，是不是有居高臨下的感覺？

即使一句簡短的用詞，也要像這樣再三斟酌地選擇適合的語詞，這麼一來，就能為你的推銷話術施加「大賣特賣」的魔法。

小結語

兩個實例中，原本是為顧客貼心著想的念頭，卻有可能會被顧客認為是「瞧不起」的暗示！這時候，適當的轉換關鍵字，改變自己的角度，多斟酌用詞，就能避免顧客的誤解！

方法4 「以退為進」先讓對方願意聽，再「進攻」

■先退一步，讓客戶至少願意聽你說

一般業務員在推銷商品時，一定會出現難以向客戶啟齒的事。不過，通常難以啟齒的事，就是能不能賣出去的「關鍵重點」。

這種時候，通常是有關**金錢**的問題，或是客戶必須負擔的風險。如果客戶對於這個關鍵重點拒絕了，幾乎形同商談失敗。

比方說電話約訪時，客戶對你說：「我只是聽你說，不會買喔！這樣也沒關係嗎？」

這時只要告訴客戶，選擇的權利完全在客戶手上，重要的是往後你怎麼做。

「沒問題。只要您願意聽聽看就可以了。」

「如果不符合您的想法，再請您乾脆地拒絕喲！」

這一種說詞，稱作「**以退為進話術**」。

賣得出商品和賣不出商品的業務員，分界在於說了這句以退為進話術後，究竟如何

延續。當我還賣不出商品的時期，我的做法是再次強調了這句以退為進話術。

「是的。您先參考看看就可以了，所以只要您聽我說就可以了。」

這種說法雖然不會造成客戶的心理負擔，但也可能因而導致客戶真的聽聽就算了。如果希望客戶認真地考慮買或不買，在以退為進話術之後，這麼說比較容易使推銷順利進行。

■退一步之後，加上更積極的進攻話術

「如果不符合您的想法，再請您乾脆地拒絕喲！不過，在您聽過我的說明之後，請以您精準的眼光判斷，是否滿足您的期望，如果是符合您要求的好商品，請您務必提出申請！」

像這樣，**在結束時要以果決的方式表現**，這就是在**「以退為進話術」之後，所加上的「進攻話術」，退一步，然後進攻。**一味地後退，或是一味進攻，都太過偏頗，反而使客戶不舒服。

我在推銷教材時，開始能夠順利推銷出商品，就是學會如何在「以退為進話術」之後，說出「進攻話術」。例如：「A同學要是有意願使用，請媽媽也能從經濟方面給予

支援」。

如果對方回答「說的也是」或是「就看孩子想不想要啊」，我就進一步約訪。

如果不是這樣的回答，而是「精神上的支援，我沒問題喲！」或是「經濟方面是什麼意思？」我會再一次表明「請給予金錢方面的支持」。相反的，如果對方沒有做出肯定的回應，我就不會再糾纏下去。

就結果來說，客戶只聽不買也沒關係。只不過，我們拜訪客戶的目的，原本就是為了推銷商品，**如果客戶願意購買，就牽涉到金錢，這一點絕對不能視而不見。**

練習在任何情況下，都能順口說出「進攻話術」

有人或許會擔心若是說出「進攻話術」，會不會對客戶太過失禮？也有人認為，一開始就先預定多往客戶那裡跑個幾趟，不要訂在當天逼迫客戶下決定比較聰明，才是以客戶為本位的推銷方法。

但是，**第一次見面不要求客戶作決定，和站在客戶的角度思考，我認為是兩回事。**

而且，有沒有辦法說出難以啟齒的事，有時候和業務員本身狀況好或不好也有關係。狀況好時能夠強勢地說出口，陷入低潮時，則擔心失去客戶而說不出口。在狀況不佳時也能強勢地說出話術，真的需要勇氣。

因此，我會把進攻話術的台詞寫好貼在隨時可見之處，時常反覆背誦。這麼一來，根據對象不同調整說法時，因為和平時背誦的台詞不同，總覺得無法說得流利，心情不太好受，我自己就會很清楚，「啊，現在我說不出（進攻話術）。」

難以說出的話，就是推銷商品的「關鍵」。不管對任何客戶都應該說出口的台詞，應當練習讓自己不管在任何狀態下都能琅琅上口。

「成交率突破9成」的進攻話術劇本實例演練

接下來請各位參考我的話術劇本，這是設定以架設網路、有線電視服務的業務員為背景的應用話術。重點在於**當客戶表示「我不知道」時，不因此而打退堂鼓，而是站在對方的立場，選擇對方容易回答的問題**，當對方回答，務必「接受」。

我的「成交率突破9成」劇本

【傾聽及掌握客戶使用網路的狀況】

當客戶說「我不太清楚網路狀況」時……

Q：順便請教一下，家用電話是使用N公司的服務嗎？

＜客戶回答YES＞

➔謝謝您。

客戶回答後，絕對不要忘了第一句一定是「**接納**」用詞。

＜客戶回答NO＞

➔謝謝您。那麼使用〇〇公司的網路服務時，電話大概也是一併轉換是吧？

如果客戶想不出來，就改變問題：「電話的帳單是由N公司寄來的嗎？」

Q：另外請教一下，平時常看電視嗎？

＜客戶回答YES＞

➔那麼，府上是收看「C」或「W」的CS放送嗎？

與其問「CS放送」，不如問服務名稱，客戶更容易理解。

＊先把劇本擬好，以下是實際與客戶交談的對話實例。

和客戶的交談實例

客戶▶ 「實際在用電腦的都是我兒子，我沒使用網路。」

業務 **「我知道了。順便請教一下，家用電話是使用N公司的服務嗎？」**

客戶▶ 「我不太清楚……電話並沒有更換。」

業務 **「原來如此。每個月的電話帳單都是N公司寄來的嗎？」**

客戶▶ 「不是，現在只有○○公司會寄電話帳單帳單來。」

業務 **「原來如此，謝謝您。我想府上的網路更換成○○公司時，電話應該也是一併轉換成○○公司了吧？」**

客戶▶ 「或許吧！不過，現在就算在家，也幾乎都是用手機打電話。」

業務 **「現在大家都是這樣呢！對了！您平時習慣使用手機發郵件或上網嗎？」**

客戶▶ 「怎麼可能！那麼小的畫面看都看不清楚。」

業務 **「（笑）說的也是。這麼說起來，您平時在家的休閒多半是看電視嗎？」**

重點

2

對方說「我沒時間」，你就得用簡明有力的談話劇本

把「可能賣不出去」的劇本，輕鬆改寫為「怎樣都大賣」的劇本！

「雖然製作了劇本，卻還是賣不出商品。」

「編寫了劇本，一開始還算順利，但接下來卻不如預期。」

賣得出商品和賣不出商品的人，他們編寫的劇本究竟有什麼差異呢？毫無疑問地，他們之間的差異在於「**是否簡明扼要**」。

要點1 長篇大論的結果通常是「被拒絕」！

就算你知道很多，想說明的內容也非常豐富，但絕不可能把所有內容百分之百說完。多說了某些覺得很不錯的優點，就必須刪除其他說詞，**一定要注意「講重點」**。

每個人在說話之前在紙上都寫得很簡潔扼要，但一開口說明的時候，就想把自己知道的所有訊息傳達給對方。我也曾經有過這樣的經驗，當客戶想發問或提出反駁之前，我會搶先一步，先針對答案加以說明。

「不知道您了解我的意思嗎？」滿腔熱情滔滔不絕講完，很多人總是無法釐清對方是不是聽懂了，這樣的說話方式，很容易導致同樣的內容重複說明。結果這變成只是一種自我滿足，對方有沒有聽懂，反而被忽略了。

■話術說得愈長，表示對自己愈沒有自信

推銷話術變得又臭又長的原因，**通常來自於被拒絕的恐懼，害怕聽到客戶毫不留情的拒絕。**

因為過度恐懼受到客戶拒絕，擔心吃到閉門羹，基於想要「防患未然」、「設法在被拒絕之前拉長時間」的心理因素，不自覺地有如連珠炮似不斷說個不停。因為害怕萬一說話之際有空檔，客戶就會說出「NO！」你是不是抱持這樣的心態呢？

如果心中始終留著這樣的不安，即使在他人的建議下刪去自覺「這部分很多餘，就跟贅肉一樣」的內容，不久之後又會回復成冗長的推銷話術。是的，就像減肥時再度復

胖一樣。

讓話術簡明扼要的主要目的，是希望能夠留給對方發問的空檔。**讓客戶提問，更能夠吻合對方「想了解的內容」，反而容易抓住購買需求。**

而且，為了避免佔用客戶寶貴的時間，說話簡潔扼要更能產生良好的結果。

要點2 用簡明扼要的話術，馬上拉開成交率的差距

在這幾年當中，突然掀起晨型生活熱潮，坊間有人介紹過，「大清早約訪時，早起的經營者已經到公司，不會受到（還沒上班）助理阻擋」的案例。此外，「想和餐飲店的老闆取得約訪時，問對方：『深夜兩點可以嗎？』出乎意料的，對方竟然同意了！」這一類簡直就像為了搶拍獨家畫面而晝伏夜出的攝影師。

當然，能夠有如此充滿熱情的行動力十分令人佩服。

但是，實際上若是要指示新人這麼做，只會使得新人卻步，何況，如果早上取得約訪，是否要搭第一班電車上班？如果四點無法起床，是不是就無法做到這一點？有許多現實狀況必須考量。

■每個客戶聽取說明的時間和地點都不同

因此我認為有必要擬定**對方正在工作之際也可以進行推銷說明的方法**。這時候，經過「瘦身」的簡明扼要話術就能派上用場。

在公司行號或店家營業時間拜訪時，商品說明的地點未必是個別辦公室，反而常是許多人進進出出的場所，或是常會被人打斷的地點；另外，對方容易聽我們說明的時間點是什麼時候，也必須考慮客戶的行業、經營型態等，沒有單一的標準答案。

如果是一般辦公室，有決定權的人通常下午不會在辦公室；若是餐飲店，絕對要避開午餐尖峰時間，通常以開店前準備時間，以及顧客較空閒的下午兩點半左右為宜。

倘若是製造業，小工廠的社長，在中飯後的休息時間通常很願意跟你商談，但工廠作業員則正好相反，他們通常不喜歡午休時間受到干擾。

■練習在各種狀況下，都能巧妙切入話題

類似這些情形，都是經過經驗累積後而了解，成為公司內部共同的常識。不過，就算了解不同業別的適當時間，如果不能像哆啦A夢中使用「任意門」般地瞬間移動，就難以完全充分利用時間，真是太可惜了。

這是因為，不論是哪一個推銷場所，都不可能平均混集各種行業，負責營銷製造業的人，放眼望去都是工廠，容易攀談的午休時間卻不是適合推銷的時間。

負責營銷商業區的人，推銷商品的場所都是在店內，因此客戶永遠都在招呼客戶，推銷的決勝時間，若是能有五分鐘，就該謝天謝地了。

因此，**學會不管客戶處在什麼工作狀態中，都能巧妙地切入話題**，才有利於推銷。

各位是否已經明白推銷話術簡明扼要的優點了？接下來，我將介紹依照不同的客戶及狀況，研擬出簡明扼要之推銷話術的個案。

要點3 很忙碌的客戶，通常沒空聽細節

當時，我負責推銷的範圍，是地方上最大規模的市場。在廣大的腹地販賣蔬果、鮮魚、乾貨的建築物櫛比鱗次，道路對面則是花市的建築。各類小小的事務所緊密相連，一家接一家地拜訪推銷。

通常在店面推銷時，只要有客人上門，或是來往的業者進出時，說明就會突然中斷，只能在一旁等待。不打擾客戶的生意，是推銷時應該遵守的最基本守則。

但是，這個市場的事務所，人群的進出完全沒有中斷。我根本找不到接近的時機，心想在一旁先觀望一陣子，直到接近中午，市場裡熙來攘往的人群才終於減少。

「啊！這裡應當午後再來比較適當……」這個念頭才剛閃過，人群突然如退潮般一下子幾乎完全消失。糟了！竟然連鐵門都要拉下來了……。

結果第一天，我一事無成地收場。要是就這麼認輸，就太丟臉了！隔天我仍然一大早就去市場。

這一天市場依然人聲鼎沸，許多人及車輛不停地來回穿梭。這次我把時機拋在一旁，只管從眼前的事務所依序一家一家拜訪。

其中有看起來像是核心的人物（主控購買權的人），右手邊按著計算機，邊在傳票上寫著什麼，有時用左手接過其他人拿來的傳票，簽名並交易金錢，同時還不間斷地與他人交談。

我以不輸給周遭吵鬧聲的精神，充滿活力地打招呼，和他們交談。

■採用一問一答的話術，反而讓客戶更清楚內容

客戶雙手不停地忙碌著，視線緊盯著傳票，只有耳朵一邊聽著我說。結果後方突然

有業者中途打岔，我立刻退後一步，但客戶卻要我別中斷，他說：「妳繼續講沒關係。」

於是我竭盡所能地只切中要點，簡短地表達我想說的內容，要點講完立刻切入結論。由於說明實在太簡略，連我自己都感到十分不安。

不過，對方卻接連提出問題：

「咦？這是怎麼回事？」

「這要錢嗎？」

「如果不用錢，你們有什麼好處？」

我也只針對客戶提出的問題，簡要地反應。

「是的。這是因為……」

「現階段初期完全免費。」

我直接先說出結論，若是有需要補充的部分，才加以說明：「我的意思是……」基本上都是**採用一問一答的方式**。

對客戶來說，因為都是由他提問，然後聽我的回答，所以似乎並沒有覺得交談冗長的樣子，似乎很感興趣地說：「嗯。原來如此。」

那一天，我簽了好幾件合約，不管是在哪一家事務所，都有許多人不斷中途插入，交易金錢或傳票。即使在這樣的狀況下，客戶仍相當理解我說明的主旨和要點。

當天在回家路上，我突然有感而發。在那樣的環境下工作的人，簡直就和聖德太子一樣（據說聖德太子能夠同時聽好幾個人請示）。

「或許公司或店舖的經營者，大家都是相同的吧？」

■客人愈忙碌，內容愈要精簡

即使工作場所不是一直有人穿梭不停，腦袋裡也是必須同時思考、煩惱、處理兩件以上的事，一面觀察周遭的狀態，一面聽著業務員說明，對他們而言已經是家常便飯了吧？我的腦海中，奔馳著這樣的想像。

第二天早上到公司，進行每天和業務人員必做的推銷演練時，我故意一面想著其他事情。是的，這是實驗。

站在平時就不斷強調訓練重要性的立場，照理說進行推銷演練時，應當集中精神。不過，這一天早上，我想嘗試成為「一心二用地聽著業務員說明的社長」，心有旁騖地聽著業務員的話術。

結果，連一個字都沒留在腦子裡。業務員雖然講述了各項商品利益，我一面思考著其他事情一邊聽，對於他說明的利用細則、引用數字根據的說明，猶如浮光掠影，完全沒在腦海中停留。

平常的話，我會注意從大量情報中擷取必要的部分記憶，但這種狀況下完全無法積極記憶，也缺乏內心的從容。總之，對於完全無法專心聆聽，更搞不清結論是什麼的內容，漸漸開始感到不耐煩。

業務員可能也因為我沒什麼反應，開始亂了步調，不但老是說錯話，甚至如連珠炮似地滔滔不絕，使我更搞不清楚他究竟想表達什麼，我甚至忘了在進行推銷演練，差點就忍不住衝口而出，「夠了！你給我回去！」

在營業處重現這個狀況的結果，使我對於客戶的心情更接近了一步。瘦身後的話術實驗，大有斬獲。

要點4 只有5分鐘可以說明，就用精簡後的話術

站在客戶的狀況及立場，設身處地想像之後，我重新編寫了推銷話術。

那個時期主要的推銷對象是中小企業，有決定權的人通常是社長。中小企業的社長不管是現場的工作、業務、會計、郵件貨物投遞、人事、總務、接聽電話等，一個人得包山包海，身兼數職，真的非常忙碌。

■只有5分鐘，就直接說出客戶的可獲利益

因此，我設定成當拜訪客戶表示「**我沒時間，五分鐘內講完**」的情況，為推銷話術徹底減肥。

有充裕的商談時間和沒有充裕時間的推銷話術，結構並不相同。當時間充裕時，基本架構的推銷話術，採用的是第三章的「K＋A－D C A」流程來說明；當時間有限，經過「**瘦身**」的話術劇本，則是依照下列流程：

❶見面的**三十秒**以內，向對方**自我介紹、表明拜訪目的、推銷商品內容**。

❷**一分鐘內，清楚地說完結論**（客戶接受這項服務的**利益**）。

❸接下來說明「**推薦這項服務的原因**」、「**這項服務優異的理由**」等，上一項提出的利益所依據的原因及理由。

❹當客戶提問，「那麼，我們現在使用的製品會怎麼樣？」**針對問題回答**。基本上還是**一問一答（即使想到要補充的說明，也要忍耐）**。

通常❷的部分，都是商品說明最精華的部分，「瘦身」的話術，**不故意製造對方的期待，絕不拖延**，一開始就講得一清二楚。

■精簡後的話術，吻合客戶「想問的內容」

經過大幅削減的內容在現場試過之後，觀察客戶反應再增減修改，反覆幾次後敲定成制式的劇本。

一開始我很擔心說明內容是否不夠充分，不過「瘦身」的話術反而**因為精簡突顯出重點，更具說服力**。

掌握訣竅的業務員，能夠在短時間的說服話術，思考如何闡述商品利益，有些業務員甚至一天可以做出高於一般人五倍的成果。客戶聽過說明，覺得不清楚的部分，自然會提問。**重點在回答能夠吻合對方「想了解的內容」，自然更容易打動對方**，合約也就容易成交了。

小結語

成交率突破9成的話術劇本，也需要因應客戶的身份調整。精簡過後的話術，直接告訴客戶「可獲得的利益」，用一問一答的方式直接解答客戶的疑問，也能夠達到高成交的效果！

重點 3

讓對方自願掏錢買單的「6種成交話術」

沒空聽你說，就用瘦身後的話術，讓9成客戶都聽你的

過去每當問到業務員最棘手的是什麼？「**促成簽單（closing）**」總是名列前茅。有些是因為技巧問題，「我很不擅長促成」、「不管花多少時間總是沒辦法順利締結合約」，但是類似「無法脫離自己不擅長促成的想法」、「害怕萬一促成時被拒絕」、「一進入促成階段，手就開始發抖」這些**心理層面感到棘手的理由，不僅出現在新人身上，即使資深業務員也很常見**，這是為什麼呢？

錯誤1 擔心打壞氣氛，無法下決心「促成簽單」

所謂「促成」，是促使客戶決斷，締結合約的推銷流程之一（換句話說，是推銷最後的「關門〔close〕」階段）。

有趣的是，我常聽到從未經歷過業務推銷的人表示，「我沒辦法促成簽單，所以不可能從事推銷工作」。

或許這是站在客戶的立場想像的心情吧？確實，一想到被推銷員強勢壓迫，就會覺得很鬱悶。而且，表明「我想再考慮考慮」，拒絕商談時的尷尬氣氛也令人不舒服，**一般人總是不喜歡扮演「壞人」的角色**。原本在這個階段之前，都是以「交朋友」的心情，和對方和樂融融的交談，不想因為突然出現「買賣氣氛」而破壞彼此的關係，因而格外慎重。

也就是這樣的關係，導致「覺得促成很棘手」的心理漸漸形成。

不過，我們不可能永遠等待客戶表明「我想購買」的心情，我們主動積極的促成絕對有必要，客戶也需要相當大的決斷力。尤其是越高價的商品、越大型的合約，更是格外重要。

錯誤2 當對方說：「我和家人討論看看」，通常就是拒絕了

■掌握談話的主導權，才能掌握客戶的想法

對促成簽單感到棘手，將使心態變得消極，以致失去商談的主導權。這麼一來，根本掌握不住對方真正的想法，業務員和客戶之間的認知會因此產生落差。

比方說，狀況❶：雖然想要商品，但沒人加以煽風點火，就覺得少了點什麼；或是相反的，狀況❷：並不想要商品，卻感覺受到強迫推銷。

但是，看到這兩種狀況，或許有人會納悶：「這是怎麼回事？」若是❶的狀況，可見稍微強勢地要求客戶做出購買決定，客戶也未必討厭。

不過，客戶常常出現「心口不一」的情況。

即使內心傾向想要購買，若是洽談時一直由業務人員主導反而會退卻，心裡想著若是讓推銷員感覺到自己想要商品，可能就不會有折扣或額外服務。或者是萬一衝動買下來，可能會感到後悔。

客戶總是想避免被看穿「哈！這個人上鈎了」所以故做冷靜。

■要再和家人討論，只是委婉的拒絕說法

如果因為某個原因，所以像狀況❷，並不想購買你推銷的商品時，反而呈現出相反的態度（而且這樣的客戶很多！）。

「謝謝您介紹我這麼好的商品，不過，今天先不打算簽約。如果決定了，我一定會找你，到時候只要打這個電話就可以了是吧？」

為了避免嚴詞拒絕傷害對方，反而保持平和的態度，圓融地收場，實在是太厲害了。我還缺少業務歷練時，聽到客戶這麼說，還喜不自勝地以為「得到一個準客戶」，不過，有這種反應的客戶，通常不是準客戶，也沒有一絲一毫希望，只是一個「懂得人情世故」的客戶。

■擔心打壞氣氛，只不過是濫好人業務

由於過度在意和客戶之間的氣氛，談話的感覺等不存在的東西，我堆著滿臉笑容，「我知道了。那麼就麻煩您仔細地考慮看看」，接著交給對方一堆簡介後便告辭。

商品還賣不出去時，我幾乎都是這麼結束自己的推銷。只要對方說「我跟家人商量看看」，我便滿懷期望地等待對方召開家庭會議。

然而，「我們決定簽約了」的電話一直沒有打來，**我只是扮演一個不會強迫推銷的「好人」，雖然是好人，但同時也是「可有可無」的人。**

錯誤3 說出最差勁的一句話：「您覺得怎麼樣？」

不限於促成階段，首先介紹在推銷場合中，**推銷員絕對不該說的禁句就是：「您覺得怎麼樣？」**

這是把結論丟給對方，強行要對方接受的代表台詞。尤其是談話產生空檔時，不自覺地冒出這句台詞，或是不加思索就使用的人。對方絕對會藉此逃離你，對你說：「那麼我先考慮考慮。」讓我最不知如何應對的，就是當客戶說「我會儘快考慮」。

我在大阪及整個關西地區的業務經驗時間相當長，對於關西人嘴巴說「請讓我考慮一下」，幾乎就等於「我不買」的意思當然心知肚明。「我會想想看」也是差不多，可以說就是拒絕了。

■進一步詢問，反而激怒客人

不過，**若是抓住客戶說的「儘快考慮」不放而有所期待，**下場恐怕難以收拾。抓住這一點追問客戶的話，**可能會激怒客戶**。「你有完沒完？不是跟你說我會儘快考慮了嗎？」要是觸動客戶敏感的神經，一切都將成為泡影。

不過，等了一個晚上，客戶腦袋裡卻又塞進其他情報，別說考慮了，恐怕早就忘得一乾二淨，這也是一大難處。

最糟的是好不容易挑起對方的需求，卻遭到對手公司從旁攔截。無法當機立斷就必須冒著這樣的風險。為了避免發生這樣的狀況，在離去之前，一定要**進一步確定客戶的想法**。以下就介紹不需要高難度促成簽約技巧，誰都可以做得到的6個「讓客戶都買單」方法。

小結語

讓客戶放下戒心、不讓他們感到「被推銷」的急迫感當然很重要，不過，若是一味顧慮客戶的心情，只想用後退的方式防守，就無法確認客戶的心情，反而不會有任何進展！

方法1 不管想不想買，先直接拿出合約

客戶有可能表裡一致，也有可能心口不一，我們很難真正猜中心思，所以我便採取一個方法來測試，那就是「**大膽地拿出合約書**」。

事實上，這是我當時的主管，要求我在促成階段，即使客戶沒說「我要買」，也要拿出合約書，開始用筆填寫。只不過，雖說是用筆填寫，但需要客戶簽名的欄位什麼都沒寫，只是為了促使客戶決定，先從和簽約無關的項目開始寫起。

「什麼？我……我怎麼可能採取這麼強勢的作風？我做不到！」

當時我覺得自己根本不可能做到。

客戶當中，有些是因為被要求做決定，才開始思考要不要買。即使客戶聽著你的說明時，頻頻點頭，也未必是他們感興趣的信號。有些人只想表現他親切的態度，又或許只是當事人不自覺的習慣，實際上並未以自身的立場傾聽說明的內容。

不論是哪一種情形，將合約書若無其事地遞給「還沒有購買意願的人」，我並沒有這樣的勇氣。

■連同說明資料一起遞出，讓客戶看到後再移開

但是為了促使客戶決定，主管雖然沒有強迫我非這麼做不可的指示，但我覺得不無道理，重新思考後，我想了一個辦法。不會受限於我膽小的毛病，可以順利拿出合約書的辦法。

推銷時必備的資料，我分類整理後放入A4大小的透明資料夾當中，我把它當作推銷時說明的展示資料來運用，推薦商品的價格表也包括在裡面。

在商品說明最後一個階段，我先為客戶說明對手公司的商品價格，讓客戶了解市場價格狀況後，才提示自家公司的商品價格。為了讓客戶瀏覽價格表這一頁，翻開時正好是一份合約和其他資料重疊的狀態。我沒有把合約放置於透明夾的內頁中，而是直接夾在資料夾當中。

雖然客戶的視線範圍突然出現合約，但我只是若無其事地將合約書移到一旁（大約往旁邊移三十公分左右的位置），繼續說明價格及分期付款的方法。這個動作的關鍵，在於**並不是把合約書及筆遞到客戶面前，強迫客戶「來，請簽約」**。

另外，不是只有面對可能有購買意願的客戶才拿出合約書，而是**不管面對任何客**

戶，都一定把合約書拿出來。為了避免有時候做這個動作，有時候又不做，所以拜訪之前，我一定會檢查是不是已經把合約書夾在資料夾當中。

「總之先聽聽看，改天再回覆就好了。」原本悠哉的客戶想必內心也會大吃一驚吧！因為一拿出合約，就等於表示「今天談話的終點就是決定是否簽約喲！」

■「直接拿出合約」，才最有效率

拿出合約書的效果，都能達到預期的目的。過去我經常煩惱，「這個人猶豫著不簽約的原因是什麼？既然他說錢不是問題，為什麼無法下決心呢？」另外，明明已經暗示要簽約的人，隔天的態度卻起了一百八十度的轉變，又是為什麼？我總是被客戶的反應耍得團團轉。

但是，藉著拿出合約書的動作（雖然有點失禮），讓看似冷卻了的客戶早點做決定。**完全沒有購買意願，卻東拉西扯個沒完沒了的狀況也不再出現，可以把節省下來的時間，安排完成其他的工作。**

相反的，有購買意願的客戶，他們更願意認真聽我說明對於價格、同業間的比較、若未購買時可能產生的狀況。越是認真聽我推銷時說明的內容，接受度越強，當決定簽約時，都更加乾脆俐落。

這個「大膽拿出合約的作戰」，**最大的好處是能夠很清楚不願意表明說「Yes」的客戶，最大的癥結點在哪裡。**

「我會考慮考慮」，這樣曖昧不明的回答，無法了解客戶遲遲不肯簽約的原因在哪裡。既然會被拒絕，清楚地得知被拒絕的理由，這樣的話，即使眼前的客戶要逆轉勝有困難，至少有助於應對下一個客戶的學習。

方法2 不要一直想會不會成交，而是該專注在談話焦點上

商品賣不出的時期，我很不適應促成簽約階段時微妙緊張的氣氛。當時找主管商量時，主管建議我「絕對嚴禁空想成果（head up）」。

主管說的「head up」，指的是不要像棒球的打擊者，在揮棒打擊出去的瞬間，忍不住看著自己想要打出去的方向，因而抬高下巴。由於目光沒有緊盯著球，以致揮棒落空，高爾夫也常用「head up」來指類似的狀況。

不要過度在意結果，應當把目光專注在現在應該做的事（應該說的話）。心裡在意

結果，不斷想著，「他會跟我簽約嗎？他會不會提出反對的看法呢？」這些都會表現在臉上。因為窺看對方臉色，聲音變小；因為焦急所以講話速度變快，結果反而使得客戶不信任你。

相反的，客戶反應非常良好時，也必須注意不可以「head up」。以為「要簽成這件合約絕對沒問題」，不自覺地輕忽大意，所以沒有比較與對手公司間的價格差異，最後客戶說「太貴了」，以致沒簽成合約的經驗，我也曾經有過。

■說服客戶簽約時，更要放慢說明步調

進入促成簽約的階段時，不要在意結果，相對地，必須更專注於眼前所要傳達的事項。如果正在對客戶說明價格，就要盡全力正確地說明，不管是付款方法或是交貨期限等，都必須全心全意地專注。保持平靜的口吻，說明步調也不能改變，甚至應該注意更放慢步調。

促成時很容易因為過度緊張而講得太快。尤其到了最後，以為自己講得很慢，試著錄音再聽一遍，一點都沒有從容不迫的樣子。若是沒有特別注意，大家都很容易講得太快。

■最後，順其自然地把合約書移到中間

到了最後階段，我把剛剛移開了三十公分左右的合約書，放在桌子正中央。

「若是可以交給我，就藉這次機會開始吧！」

「沒問題的話，請給我一次與您合作的機會！」

類似這樣的語氣和句子，促使客戶在合約上簽名。

剛開始我的做法可能因為太過露骨直接，反而常常遇到客戶因而退縮；也曾遇過被對方反將一軍的狀況，「喂！這是合約書吧！誰告訴你要簽約了？」

不過，在不斷嘗試的過程中，很快就習慣，做法上漸漸能夠巧妙不著痕跡。所以請各位也不需要畏懼，把合約書拿出來。

遇到客戶說「不要這麼快逼我做決定」時，不妨添加下面這句話，緩和場面。雖然聽起來有點退縮（笑），總比什麼悶不吭聲好。把合約書移到桌子中央時，對客戶說：

「若是要加入計劃，依照規定必須填寫這些表格。」

這句話告訴客戶，只是說明規定，並沒有要你簽約。或是，「加入計劃的客戶，一開始填寫的是這樣的表格，您要看一下嗎？」

這句話同樣沒要求客戶簽約，只是「看一下」。若是客戶因而產生「加入計劃似乎也不錯」的想法，主動詢問：「那麼，在這裡填寫就可以了嗎？」你反而會因此感到意外呢！

小結語

業務員最苦惱的，莫過於無法掌握客戶「我再考慮」的真實性。直接拿出合約讓客戶看到，反而能讓客戶仔細考慮，立刻決定購買與否。對於猶豫不決的客戶，業務員也可藉由「直接拿出合約」，了解遲疑考慮的部分。

方法3 提高購買意願的「欲望三要素」：驚奇、計較、吃醋

促成階段的討價還價即使進行順利，若是無法引起客戶「想要」、「想得到手」的欲望，生意就無法成立。即使促成時勉強要客戶購買，一旦客戶事後取消，就等於前功盡棄。

相反的，若是能順利地讓客戶湧現「想要」的心情，再設法借力使力促成的話，讓客戶認為「是我自己做的選擇」，最後留下是由客戶自行決斷的印象，這麼一來，你就能帶給客戶一個「熱心介紹優良商品的業務員」的良好印象。

讓客戶產生購買動機的要件，實際上必須注意三項要素。也就是**「欲望三元素」**。

❶驚奇，❷計較，❸吃醋。

接下來，我就一一說明這三項要素的意義，以及主要刺激什麼樣的「欲望」。

❶驚奇，其實就是對某個領域的無知

客戶並不是這一行的專家，一般人遇到權威時，很容易低頭。提供什麼樣的話題能使客戶嘖嘖稱奇地發出讚歎？你是否能為他帶來陌生領域的驚奇，令客戶覺得既興奮又

期待？

掌握這一點，就是**設法透過充滿吸引力的提案，推翻客戶以為並不需要商品的成見，帶給客戶感動。**

例如商品誕生的祕辛等，只要調查業界歷史，一定可以找到忍不住想與人分享的雜學題材。

❷計較，指的是經濟觀念

不想有多餘的花費，以更便宜的價格買到同樣的東西就會感到開心；不想因為便宜而上當購買了劣質商品。是否有超過價格的價格？是否能得到超過價格以上的滿足感。如果不確定值回票價，就不想承擔風險。

順帶一提，我在販售高中生教材時，開始商品說明之前，切入的話題中，不論小孩或家長最感興趣的題材，各位知道是什麼嗎？是根據不同學歷的「終身所得比較」。雖然是充滿銅臭味的話題，但有關金錢的問題永遠都不會退燒。

❸吃醋，就是嫉妒心和比較心

想要和某個人一樣。不想輸給某個人；不想跟不上流行。想要擁有特別的東西；希望更受歡迎。希望獲得大家羨慕的眼光。希望受到注目。

使用瘦身食品的人，他們的目的是希望擁有曼妙的身材。如果能刺激更遠程的願望「受到心儀對象的青睞」、「穿著更有魅力，受人注目」等等，就更能傳達出瘦身食品的功效。

■善用三元素，取得客戶認同，讓說明更加生動

在進入促成階段前，如果「欲望三要素」能夠獲得客戶認同，就更容易強化客戶的購買意願。

想一想有關「欲望三要素」的話題素材，然後寫下來吧！如果能夠多寫下幾種不同型態的劇本，即使口才不佳的人，甚至新進菜鳥，應當也能順利地運用。

況且，完全沒有把「欲望三要素」加入商品說明的話，你的說明將變得枯燥乏味。推銷人員只會滔滔不絕商品內容，說是冷冰冰、毫無感情的話術也不為過。

當我還是新人時，我曾經向前輩請教「促成階段時，似乎無法吸引住客戶」，當時前輩反問我：「你是否好好運用客戶『驚奇、計較、吃醋』的心理呢？」當時前輩告訴我這是「女人的三要素」，「驚奇、計較、吃醋」當然不是只有女性才有的感情，各位

請別見怪呀。

方法4 當你說：「我對自家產品有100%信心」，反讓購買意願下降

讓客戶「產生購買意願」，是業務員的任務。相反的，卻也有業務員因為一句話，使得客戶「購買意願下降」。

■想為產品背書保證，卻惹得客戶疑慮重重

「我有百分之百的自信！」推銷最後階段，只差臨門一腳的情況下，業務員常會這麼說。你是否也曾不加思索地說過這句話呢？

這句話說出口的瞬間，原本之前所累積的公司信用或商品優異性，都可能在客戶腦海中剎那間變得稀薄了。業務員說出這句話，希望訴求的毫無疑問地是竭盡全力的心意，然而，為什麼和客戶的感受竟有如天壤之別呢？

說出這句話之前，想必一定說明了自家公司商品勝過其他公司之處，或是引起這套系統一定能使客戶的營業額上升、成本下降等有關客戶利益的內容對吧？但是，客戶仍然猶豫不決。於是，業務員忍不住開口說了這句不該說的話。

當業務員這麼說的時候，很多客戶反而會往負面思考：

「要是沒有業務員說的效果或利益，我的錢就白花了。」

「要是以失敗收場，就會被追究責任，還是必須慎重判斷才行。」

當商談對象因為「缺乏下決定的關鍵性因素」，以致猶豫不決時，即使用「我有自信」、「請相信我」等空洞的保證來說服對方，一點效果都沒有。

■業務員的品質保證，沒有意義

想像一下假設對方被你這樣的說詞說服了，如果對方是一家公司，當公司內部決議時，提出：「選擇這家業者的原因，是因為業務負責人拍胸脯保證『絕對有自信』。」一定會遭到否決，說不定還會被質疑「到底在想什麼啊？」

假如對方是一位家庭主婦，回到家後妻子問丈夫說：「我可以買這個嗎？」丈夫詢問：「為什麼跟這一家買？」而妻子回答：「因為業務員說他『絕對有自信』嘛！」這種狀況下，丈夫一定會認為太太是完全被業務員的花言巧語騙了吧？

正確的做法是把自信的根據（證據），對客戶有什麼樣的利益明確地加以說明。

■客戶對產品的看法，才是最實際的

「絕對有自信」這樣的台詞，聽起來反而令人覺得可疑。「絕對」、「一定」、「沒問題」這些反射性脫口而出的言詞，反而會被客戶看穿「真的沒問題嗎？」**成功的推銷，永遠都要以「客戶本位」來說明，客戶想聽到的回答是更具體內的內容。**

以下示範正確的說法：

Q：「這個機器不會故障嗎？」

×「絕對沒問題！」

○「這個附有五年保證，如果保證期間故障，免費更新。」

Q：「這個健康器材，真的有效嗎？」

×「那當然！」

○「如果覺得無效，○日以內可以退款。」

○「如果使用方法錯誤，可能無法產生預期效果（說明正確的使用方法）。」

不是只有不向客戶保證「絕對」，要像前文所提：「難以啟齒更要說清楚」，**推測負面的問題，就和訴求正面利益時，以同樣的音量和口吻，接受負面問題正確應對。**這麼一來，客戶的疑惑才能轉變為對你的信賴，更容易做出決定。

方法5 想打動客戶的心，別再說「買到賺到」這種話

有時候，即使一再合理地說明，能夠減低成本等對客戶來說怎麼算都有利的條件，客戶卻始終不肯點頭答應。這種狀況下，推銷對象不管是公司團體或是個人，若是能一面說明，一面設法套出對方的真正情緒，能使想表達的事情，發揮更好的成效。

我曾遇到一個實例，發生在一個後進業務員身上。當時，他針對一位公司團體的客戶，推銷轉換「MyLINE」專案服務的通信業務。以下將說明失敗的概況，及後來起死回生的過程。

■說盡產品優點，客戶卻完全不買帳？

後進業務員小葉，在誰看到他都會覺得這是位拼命三郎型的業務員。他的儀容形象沒有問題，也很用心鑽研對手公司的服務內容及費用，在客戶面前臨機應變、比較同業商品的能力相當優秀。

但是，他的銷售成績始終欠佳，「究竟我的做法哪裡不對呢？真令人喪氣！」因

此，我決定陪同他去拜訪客戶，這種情況下，從實際銷售現場的客戶反應來找答案是最佳捷徑。

我和他一起掃街拜訪了幾家公司，其中，有一位小規模企業的負責人，停下手邊工作聽他的說明。

客戶表示：「我們這裡，不管是公司的電話還是什麼，多數都是外面打進來的。從公司打出去的並不多，所以花不了多少電話費！」

小葉聽到對方這麼說並未死心，仍然要求參考一下寄到客戶公司的電話及網路的繳費通知。

「好啊，請看。」對方拿出單據。

我站在小葉旁邊，只有稍稍往後退了半步，這是最能看清楚客戶和他表情的位置，這也是陪同業務員拜訪時的最佳位置。

招呼訪客的櫃台上，擺放著繳費通知等單據，以及小葉帶來的簡介，他開始說明。

「即使貴公司很少打出電話，長途電話費用仍然有這麼多。若是轉換成我們推薦的服務，這個部分可以減少○％，另外（以手指示），這裡大約也能節省○元。」

小葉口若懸河地以數據說明，但是客戶卻沒什麼反應。即使是對客戶極為有利的內容，客戶的表情卻似乎帶著一股陰霾。

小葉所說的成本削減內容，完全正確，但是，這些說明卻一點都沒有打動客戶的心。照理說可以節省成本開銷的計劃，但只有小葉熱衷地「唱獨角戲」，客戶完全一副置身事外的模樣。

「……因此，只要貴公司使用這項服務，每個月的開銷將可以省下○千日元，全年計算下來的差額高達○萬日元。」小葉自信滿滿地做了最後結論。

對方只停了短短一瞬，回答：「無所謂。就算沒有比較便宜也沒關係。」

他一把抓起攤開在桌上的單據，立刻走回店裡去了。

■對產品有自信，小心被誤以為「態度高傲」

我利用午飯的時間，和小葉重新檢視一次剛剛的推銷過程。

「小葉，你剛剛的臉看起來有點高傲，那樣子給客戶的印象不太好喔！」

「什麼？我沒那個意思。我只是想表現出『我有自信』的表情而已。我不想低聲下氣拜託客戶『請選擇我們公司』，而是站在比客戶更清楚的專業立場來引導。」

「心理上占上風和態度占上風，完全不一樣喲！」

「不過，要是不強調我們公司比同業更便宜，客戶就不可能願意轉換目前合作的業者。」

「……小葉，有句話說『用錢砸人』，你的行為就像這句話一樣，你了解嗎？」

「這樣說會不會太誇張了……」

趁小葉對於自己的作為導致失敗的記憶還未消退前，我一定要設法讓他理解。

■說產品的優點時，也要顧慮客戶心情

「你並不是因為自己的努力讓客戶的負擔金額減少對吧？難道那些金額是你運用情報或人脈、汗流浹背地為客戶爭取來的嗎？就算真是如此，都不應該擺出有恩於人的樣子對吧？一定要小心**不能讓客戶產生因為便宜而屈服的心情**。怎麼做才能**讓客戶心情愉快地把事情委託給你**，體貼地顧慮客戶的感情面也是非常要緊的喲！」

「要是能夠更便宜，誰都會覺得比較愉快不是嗎？我們公司的商品不就是提供更便宜的服務嗎？那麼，我究竟該怎麼做才好呢？」

「下午我們交換吧！我來向客戶介紹商品，你在旁邊觀察。」

方法6

商談時注意「劇本註解」，加入情感後成功率更高

推銷話術並不是把話說出來就好，就像劇本中除了演員的台詞，還會有動作、表情的註解，如果說出話術時，能夠隨時注意這些情緒的「註解」表現出來，談話過程就能夠很熱烈。

一般劇本的註解，會註明伴隨演員的台詞所表現的動作、表情、心情、風景，甚至舞台的狀況，也就是除了台詞以外的注意事項。

「『我無論如何都要讓阿民去甲子園……』

——小惠在傾盆大雨中痛哭而不能自已，她的手上緊緊地握著一個御守。」

這裡畫線的部分就是劇本註解。

回到前面，我說和小葉交換角色，開場白、商品話術的部分，我都採取和他類似的作法，我希望讓他看到的差異是詢問過客戶意見後的應對。

■步驟❶讓客戶自己發現問題

「這個項目是市外及縣外打出電話的費用，即使不是長途電話，市外只要是電話區域號碼不同的範圍，就算距離很近也都列入折扣。」

「唔。是這樣嗎？打電話時我很少一一考慮市內或市外才打。」

「的確如此。尤其是常聯絡的客戶等，通常都會設定成快速撥號功能，就更不會去注意了呢！」

「嗯，就是這樣沒錯。真的耶！以為沒什麼在打，卻比想像中更多呢！」

➜不是業務員直接挑明問題，而是讓客戶本人自行發現，設法讓客戶主動說出口。隨時注意「接納的五原則」當中的表示同感和贊同是關鍵。

■步驟❷把客戶的問題視為自己的

「如果轉換成我們的服務……先大略計算一下，稍微便宜了一點呢！另外，想請教您，除了A市以外，常打電話聯絡的區域是哪裡呢？」

「唔……K市每天都會打。還有，偶爾也會打到F縣。」

「打到K市的通話費，能有○%的折扣；像F縣這樣超過一百公里範圍的地方，原本通話費〇元一律都變成〇元，所以實際上便宜了〇％。」

➜不是置身事外，而是視為自己的問題一般，具體地詢問。因此，在談話內容加入固有名詞是一個訣竅。客戶回答時出現的固有名詞（這個案例是「K市」、「F縣」）加入話題當中。

■步驟❸表現情緒，讓顧客放下戒心

「這麼一來，一年計算下來的話是〇元×12個月＝〇元（不是只用嘴巴說，手也不要停，利用手邊的紙寫下來），可以省下這些費用。哇！金額相當大耶！」

➜劃線部分的重點，是把客戶的問題當作自己的問題般，對於省下的費用感到開心。客戶畢竟有戒心，在簽約前不會讓你看到他喜悅的表情，不過，若是你先表現出喜怒哀樂的反應，客戶的喜怒哀樂自然容易形於色。

■步驟❹對客戶的說法表示贊同

「嗯……像我們這種小本經營的公司，這個金額相當大呀！」

「話不能這麼說，不管是什麼樣的企業，大家本來就是能省則省！」

「那麼，我該怎麼做？是不是要填寫什麼文件？」

「謝謝您！麻煩您填寫這份申請書……」

➜贊同客戶所言，但是絕對不要因此得意忘形，說些「多出來的部分，就能多喝好幾杯」之類的。

■公式話術，加入不同的情感應對

離開後，我們在大樓較不顯眼的角落，等小葉寫好筆記。

「以前我總是很納悶：『明明就比較便宜，為什麼對方卻不願加入呢？』」

「我和你所使用的話術，如果條列下來，大概九成的內容相同。但是，**推銷時重要的是，在話術當中融入什麼樣的感情來應對**，然後根據這一點來打動對方。自己覺得有點誇張，稍微覺得不好意思的說話方式，對於客戶來說反而剛剛好。」

而後，小葉充滿了「只要出門、必有收穫」的自信（只要到了客戶那邊一定能夠簽成合約）。事實上，他再也沒有空手而返的狀況了。雖然他使用的材料相同，但活用材料的方式稍做轉變，就能獲得更多成果。

推銷商品時，希望聽到客戶說「YES」的時候，透過這種方式表現出各種情感來拋磚引玉，有助於讓警戒心強的客戶放鬆。當這個效果出現時，客戶就會主動發送「想要」的訊號。

「推銷話術」搭配「劇本註解」來製作推銷劇本，就算是我這樣口才笨拙、對於臨機應變沒有自信的人，也能在推銷場合游刃有餘。

第5章

業績女王親授祕訣，糟糕社員也能變身王牌業務！

徹底解決業務員常見瓶頸，全新的話術視點，不再錯失成交機會！

行動 1

求來的業績不能長久，腳踏實地才是王道

找出失去信心的原因，停止無意義的鼓勵和呼口號

曾經有一位同事跟我提到，他的夥伴為了達成業績，竟然跟客戶下跪，我非常不能認同。

「我還是新人時，陪同我拜訪的前輩在當月業績截止那一天，因為還差一台就可以達成目標，所以跪在客戶前流著淚拜託喲！」

「跪在客戶前？結果簽到合約了嗎？」我驚訝的問。

「客戶破口大罵：『開什麼玩笑？你給我回去！』不過，我在一旁看著覺得十分感動。」

「為了取得合約向客戶下跪會不會太誇張了？而且對客戶也會造成困擾吧？」

「唉，妳根本不懂男人的浪漫！」

……什麼浪漫？男人的浪漫就是跪著在那裡哭嗎？我絕對不做這種事，更不會要求任何人做這種事。

■不合理的要求，對於取得業績毫無幫助

有一天晚上十一點，我的主管要求我做電話約訪。我雖然知道不該越級報告，第二天早上仍然打電話給部長，希望他能提醒那位主管。沒想到在電話中剛提起這件事，部長的反應出乎我意料之外。

「是我要他這麼做的！」

我驚訝得說不出第二句話。部長接著又說：「你們應該見識一次什麼叫做地獄！」

之後，不合理的做法接二連三急遽而來（詳情我就不說了），我看不出繼續忍耐的意義，煩惱到最後的結論，就是提出調職申請。結果要我「立刻去總公司報到」，告訴我必須接受懲處。

和部屬站在同一線，幫助他們重新啟動

■沒有尊嚴的死纏爛打，是下下之策

這個經驗讓我重新思考主管存在的價值，我想用我的方式贏得業績第一名的榮譽。**要求年輕一輩的業務員向客戶下跪、或只是吆喝吶喊要他們拿出熱情衝勁，我認為是沒有意義的。**

壓迫型的主管多半會在推估營業數字時，盤算著這個業務的實力，應當能夠扛多少業績，所以應該可以成長多少幅度……。**本來數字就不是自然上升的東西，而是透過人的經營費心而產生。**

我還在單打獨鬥時期，每當新的一個月來臨，記錄業績的表格更新，看到上頭一片空白，總是不免令我害怕。誰也沒辦法保證這個月能夠賣得和上個月一樣好，每個月一開始，我一定拼了命盡快取得第一份成交契約。

即使坐上了管理階層，每個月一開始空白的業績表仍然令我擔心，但是我是否還能理解每一個業務員所感受到的恐懼？我是否能夠為大家灌注充沛的能量呢？要怎麼做才能銷售得更好呢？應該更加審慎地考慮。

行動 2

打破先入為主的思考模式，你該有的4個想法！

堅定目標之後，還要儘快提升自己的水平

「我今後將會怎麼樣呢？」當工作不順遂時，你是否會不安地思考自己的未來將會如何？

事實上，我和新職場的夥伴們，每天都懷著這種「不知道明天會如何」的憂慮。

想法1 看不見未來時，先問自己：「想成為什麼樣的人」

當我和前任的管理者交接時，他告訴我營業處裡「缺乏戰力、沒有幹勁的人已經都離職或異動了」。這麼一來，營業處留下來的人，應該都是有幹勁、有戰力的人。

然而，當我剛到營業處時，辦公室裡卻瀰漫著一股沈悶的氣氛。

■擔心工作不保，對公司不信任，哪來的動力?!

我站在他們面前打招呼，每個人不是目光朝下，就是在和我四目相接時，移開目光，避免和我的視線對上，簡直就像在玩眼神版本的「你追我跑」。

為了儘快拉近和大家之間的距離，當天工作結束後，我邀請所有人一起去吃飯，結果大家都坐得離我遠遠的。大概他們認為只要熱絡地和鄰座的人交談，我就很難向他們攀談。雖然是我掏腰包請客，卻沒人說一句「謝謝您的招待」就回去了，雖然我並不是不明白他們的心情。

隔天，我把每個人都找來個別面談。

他們每個人都冷眼旁觀著接二連三辭職離去的同事（就他們的眼中看來，這些同事都是被迫辭職），今後自己將會怎麼樣呢？是不是不久後，自己也會被開除呢？**他們的心情充滿了對公司的不信任**，我感受到的沈悶氣氛就是這個原因。

■感到懷疑、躊躇時，先問自己3件事

並不是你們想像的那樣！我在心中吶喊。為了希望大家都能積極地同心協力，我跟他們逐一進行個別面談，確認以下三個要點：

❶不是未來會變成什麼樣、而是你「自己想要成為什麼樣」？

❷你是否為了自己、為了自己的生存而面對工作？

❸如果能有賣出商品的自信，你是否能夠變成更積極？

事實上，❶就是我經常用來自問自答的問題，因為老想著「未來會怎樣」，結果就是把命運任憑他人處置。

其他兩項雖然都是從經驗而選擇的話題，但我希望扮演傾聽的角色，讓對方盡可能告訴我內心真正的想法。

心懷不安的人，總是問我：「以後我會怎麼樣呢？」因此，我總是反問對方，「**不是以後你會變成什麼樣、而是你希望變成怎麼樣。**」

■無可取代＝帶給他人正面影響

許多人一旦成為公司的一份子，總會認為自己失去了選擇權，未來操縱於自己力所不及的領域。然而，不管你身在什麼地方、身處在什麼樣的環境，究竟是要成為無法取代的存在，或是可以隨時替換的零件，完全取決於你自己。

我認為，「**無可取代的存在**」，就是「**能夠帶給別人影響力的人**」。

例如，當你走進一家咖啡廳，店員笑臉迎人地接待，因而能夠渡過一段心情舒適的時光。那麼，這個店員就可以說是無可取代的存在。雖說該店員就算辭職也未必會造成這家店倒閉，但是只要和該店員產生交集的人，一定會感受到該店員帶來的正面影響。

能不能成為一個帶給人正面影響的人，決定權在自己身上。

我辭去牙科助手進入中央出版。從事過去不曾經驗過的推銷工作、被任命擔任管理職，我認為這都是偶然（不是必然，只是偶然）。但是，我當然也有不要進公司的選擇，或是不接受管理職的選擇。決定做或不做，都在於我自己。

即使表明「我在這家公司究竟以後會怎樣呢？我看不見自己的未來」，全世界都沒有人可以為你提供解答。因為，成就未來自我的人就是你自己。

若是你還不清楚想做的事、你想成為的模樣，就先「努力去做目前該做的事」，我相信那就是找到解答的最佳捷徑。

■為別人努力，也會對自己產生激勵作用

第二個問題是，**你是否為了自己、為了自己的生存而面對工作？**

不是為了業績額而工作，而是為了自己的生存工作。說得更貼近一點，你是否能夠

為了賺取金錢、守護自己的生活而努力？

為了金錢而努力並不羞恥。若是有錢，至少可以擺脫為錢憂慮而得到自由。

從工作中感受到價值的重點，因人而異。不過，你想要的一定是自己先獲得報償。根據研究，即使把自身放在第二位，為他人而做的行為，對於大腦而言也是一項激勵。

隨著年歲漸長，我已經明瞭：即使我認為是為了他人而在工作上出盡全力，到頭來其實都是為了自己。

■沒自信的業務，無法說服客戶買單

第三個問題是，**如果能有賣出商品的自信，你是否能夠變成更積極？**

客戶不會想要跟一個看起來欠缺自信的業務員購買商品。但是，賣不出商品就無法擁有自信，若是能夠表現出有自信的模樣，就能夠賣得更好。說得極端一點，推銷時要是少了幹勁，在推銷現場簡直有如接受嚴刑拷問。

我對所有人說，我將竭盡所能告訴大家我所知的推銷技能，為了成為能把商品賣得出去的人，請大家利用我。大家一起加油吧！

我以這三項訴求和大家促膝長談，可惜仍是有人選擇辭職，但也有人明確表示願意再努力。我強烈地希望，能讓這些人體會推銷業務真正的樂趣。

想法2 要常常自問：「你工作只是為了薪水嗎？」

對我而言，推銷是一項求生的工作。

推銷為什麼有趣？為什麼又會痛苦？我認為原因是這樣的：設計商品的人、製作、銷售、後勤支援的人，全都不可或缺。但是其中唯一能夠在現場見證，看到客戶心意起了重大轉變瞬間的人，就是「推銷」，這是「銷售商品者」的特權。

若是想讓手腳動起來，只要對自己的大腦下指令就夠了。**但是要他人決定支付代價、取得商品或服務，卻不是能夠一件能夠隨心所欲的事。**雖然不容易，但成功（簽約、售出商品）時能夠獲得相對的滿足感。

因此，我總是認為：若是設計商品、製作及後勤支援的人也都能夠擁有和推銷相同的心態，一定可以共同體會打動客戶心理的奧秘。

想法3 跟程度高的人相處，是提升自己最快的捷徑

推銷工作上大展長才的思考方式之一，就是要能不斷**提升自我形象**。客戶不會想要跟看起來沒有自信的人買東西。還賣不出商品的階段（尤其是對於口才不佳、怕生的我們而言），要擁有自信或許很困難，但是只要努力就做得到。

提升自我最速成的方式，就是和比你程度高的人交往。只要了解程度高的人的思考及行為模式，就會很清楚自己究竟欠缺什麼。

不過，是不是感到有點膽怯呢？若想具備實行的勇氣，只要將它**「例行化」**就會覺得簡單多了。

■用「規定」傳播成功經驗

「例行化」就是讓它成為每天的日課或慣例，就像早上一起床就要刷牙洗臉一樣，**養成和程度高或憧憬的人交往的習慣**；以下介紹兩個能夠巧妙「例行化」的方式。

一個是公司規則，要求全員對簽約成功回來的人道賀「恭喜」並相互握手。不論前輩或後進，都要停下手上的工作，都要上前祝賀。

原本握手的目的就是為了祝賀當事人努力的成果。藉由握手的機會，更容易開口請教對方，「今天和客戶見面的過程如何？」即使容易畏怯的人，也能因而鼓起勇氣有機會聆聽成功人的經驗談。

■狀況愈不好，愈要接近比自己高竿的人

另外一個方法，則是我剛成為經理時的發生的實例。月底的管理會議，總是依照營業處的業績決定座位。業績差的話，就得坐在有如被懲戒示眾的場所，備受眾人目光的譴責（任何公司都一定會有的景象）。因此，會議結束後的餐會，業績低迷的經理往往傾向選擇距離部長最遠的座位。

不過，我把坐在部長對面或鄰座當作「例行公事」。由於連會議中被貶得一文不值的日子我也膽敢坐在部長旁邊，所以部長讚美（？）我：「長谷川勇氣可嘉！」其實不是，我只是當作「例行公事」而已。

因為這樣的機會，餐會時的閒聊中，有時會夾雜部長「只在這裡說」的寶貴經驗談。不用說，具有實力的前輩饒富訓示的經驗談，對於經驗尚淺的我而言，當然助益多多。

想法4 不要預設成交的關鍵人物

「絕不先入為主」，也是在推銷工作上能夠大展身手者的共同特徵，即使在新人階段，也有很多人出乎意料地強烈擁有先入為主的觀念。

「初生之犢不畏虎，新人應該不會有什麼先入為主的問題吧？」或許一般人會有這樣的想法，但是正因為新人沒有經驗，所以更容易因為想像力或自以為是而產生先入為主的想法，第四章提出的「害怕促成簽約」的狀況也是如此。你是否也有類似的切身經驗呢？

業務員易犯的「由於先入為主以致失敗」的狀況中，我認為最可惜的是對於「keyman（具購買決定權者、關鍵人物）」的成見。

那麼，究竟是什麼樣的成見呢？我將在下一節詳盡說明。

行動

3

擺脫先入為主的成見，不特意尋找「關鍵人物」的推銷術

推銷老鳥也會看走眼，如何看穿真正的關鍵人物

「老是沒辦法見到keyman……」

「只要能見到關鍵人物，我就有簽下合約的自信！」

有這類煩惱的業務員想必不少。

但是，各位是否真的沒見到真正的關鍵人物呢？難道不可能是自己見到了關鍵人物卻斷送了大好機會嗎？每當我這麼問，總會得到這樣的回答。

「我見到的人究竟是不是keyman，只要稍微聊個幾句就知道了。」

「我的經驗這麼豐富，只要看一眼就知道對方會不會跟我買了。」

「陌生拜訪是否能立即遇上關鍵人物，靠的畢竟是運氣。」

你或許抱持著以上的想法，然而這是真的嗎？

遇到關鍵人物卻不自知，還錯失推銷良機

假設你的公司，突然有陌生業務員登門拜訪，一開口就問：「請問社長在嗎」，或是「我想找貴部門的負責人」，而你就是他要找的負責人時，你通常會怎麼回應呢？

「我就是負責人，我們不需要。」

或是認為一告訴對方自己是負責人，對方就會強迫推銷，所以下意識地拒絕：

「承辦人目前不在。」

又或是先叮囑員工：「如果沒有事先約好就上門的人，不需要詢問我，基本上一律拒絕。」

■設定關鍵人物，卻輕忽其他成員的影響力

訪問私人住宅的推銷時也相同。當你上門拜訪時，這一家的太太出來應對，她是否對你說：「我對這些完全不清楚耶。」

「啊……那麼，是不是跟您先生談比較合適？」

當你這麼問時，大概百分之百會得到「對！麻煩你找他談」的回答，如果應門的太太真的是對這項產品完全沒興趣的話，或許沒關係，然而，很可能只是因為你的疏忽，眼前的女性其實是握有購買決定權的人。那麼，你所說的話，將會被如何解讀呢？

「反正跟你說明你也沒有決定權吧？既然如此，跟你說再多也是雞同鴨講，根本浪費時間對吧？和老公談的話，對我來說效率更高，那我就等他在家時再來好了。」

於是，當你詢問對方先生或社長什麼時候回來，往往會得到以下的回答：

「不一定耶，而且回來時間也晚了」、「明天也不知道他在不在」、「我想你不用再來了」。

影響成交的關鍵人物，不僅是「有決定權」的人

■這些人，都可能是關鍵人物

所謂掌握關鍵者（keyman），指的是**決策者**、**有決定權者**、**主權者**。不過，實際上並不僅是這些人。以下這些人，都有可能是關鍵人物：

❶即使沒有決定權卻是交涉**窗口的負責人、權責部門的責任者**。

❷雖然不是付費者，卻是**實際使用該項商品或服務的人**。

❸雖然不是付費者、也無權決定是否購買，卻**有權決定業務員是否能面訪的人**。

❹**內部的影響者、外部的意見領袖**。

類似上述這些狀況，以某種形式有牽涉、關係的人，都是keyman。

我最初經手銷售的教材，使用商品者（小孩）和付費者（家長）本來就不會是同一人；而且，事前根本無從得知會和銷售員唱反調的是祖父母或兄弟姊妹。相反的，也有可能當事人以外的人強力成為後援，使得銷售格外順利的狀況。

換句話說，全家都是關係人，究竟誰最有影響力，沒有深入很難了解。何況，**購買的商品不同，具影響力的人可能就會不同**。

即使夫妻有哪一方發言較多，所以業務員便認為「多回應某一方，應該比較容易簽成合約」，所以擅自以6：4或9：1決定回應的比例，在我看來都太奇怪了。

對於夫妻，就像和雙胞胎交談一般，應該平均地回應兩方。就算我們平均地回應，客戶提問或回答的量也不可能平均。究竟是哪一方在意另一方的臉色，能夠在交談中自然取得平衡。業務員刻意偏向某一方去回應，不管商品說明多麼厲害，都有可能反被背後的關鍵人物抓住主導權。

■看似沒有影響力的人，可能就是成交關鍵

基於這樣的經驗，即使營銷對象改為法人，「**是否有決定權不能以外表來判斷**」、「**所見到的人，都必須認為是有關聯的人**」的思考，我仍然認為理所當然。

不過，知道社會上有許多業務員的想法不同，我認為正是我們的機會。

我所在的職場是租賃商業大樓，常有推銷員來訪，通常會發生的對話如下：

「請問社長在嗎？」

「這裡是分公司，總公司在別的地方。」

「那麼，我想找負責人。」

「我就是負責人，有什麼事嗎？」

「啊！呃……請問有沒有男性的負責人？」

「……」

大概是看到出來應對的我，判斷並非重要人物，所以隱約能感受到對方草率的態

度。當然，對這樣的業務員絕對不可能留下良好的印象。社會上像這樣的業務員應該不少吧？這不禁令我覺得，若是反其道而行，其他業務員輕易放過的客戶，說不定能手到擒來。

隨時警惕自己「**捨棄先入為主的觀念**」，也就是越容易取得合約就越不能忽視，重要的是以下三點。

❶就算對方說「關鍵人不在」，**也要把對方視為有影響力的人物**，持續進行推銷的話術流程。

❷使用第三章曾說明過的「**接納五原則**」，應對一開始的拒絕、阻礙，循序漸進地進行推銷話術。

❸即使明瞭對方沒什麼影響力，態度也不能因而輕慢，可以進行**情報收集**。

我把這些應對原則，要求營業處的同仁，能夠記住並自然地身體力行，所以每天都進行角色扮演練習。

■尊重每一個談話對象，自己創造成交關鍵人物

有一天，總公司的某個負責人，來探視我的營業處。全員的角色扮演練習結束後，

他說：

「你們完全沒有區分誰才有決定權，拖拖拉拉地推銷，這不是浪費時間嗎？總公司的成員不一樣。他們能夠立刻分辨誰才是關鍵人物，不會無聊地東拉西扯，迅速地進入正題喲！」

那位負責人回去後，我很有自信地向做法受到否定而感到困惑的成員保證：

「沒關係。你們不需要在意，大家現在所做的才是正確的，一定能以實際成果證明。因此，明天繼續進行同樣的練習吧！」

我們的做法展現了傲人的成果，當年度的年終，不管是總公司，還是市場占率大的東京分公司，我們大阪分公司成員的績效，都遠遠超越他們，取得團體組優勝的成績。

我們找出關鍵人物的出發點，在於推測對方的決定權及影響力時，不去品評對方，**從態度上給予尊重**開始。不論何時，都要把眼前的對象視作「掌握關鍵的重要人物」為前提來回應對方。

拋下先入為主的觀感，實際去做才知道狀況

先入為主的觀念，不是只有發生在「鎖定關鍵人物」這件事，對於推銷的商品相關的事物也常會發生先入為主的現象，不管是負責的區域、建築或過去的成績。

常見的狀況是「門檻似乎很高的樣子」、「總覺得反應很冷淡」等，戴著有色眼鏡去看對方。覺得門檻很高而畏怯，一旦被對方拒絕時，往往認為「所料沒錯」，因而更加深了成見。

另外一種常見的狀況則是資深業務員斷定，「那個區域不管誰去推銷都無法取得合約，去了也只是浪費時間。」對於有心一試的後進故意大潑冷水，說些負面的話。

在電話約訪的推銷場合，一開始不過打兩、三通電話，覺得不太順利，便心生逃避地想：「這個區域恐怕已經沒指望了吧？」

■勇於挑戰別人不願意做的事

因此，我想在此介紹我的部屬A業務員的例子。她一畢業就進入我們公司，僅僅一個月就被原先配屬的單位經理轉調到我的營業處。不過，她一看即知不是那種會受成見

束縛的人。而且，A在私底下的個性十分內向，但是在和我進行拜訪的過程中，卻總是往其他業務員不想去的區域。

其他業務員望而生畏的大企業，國內最大承包商的分店或報社等，其他業務員根本一步也不想踏進的地方，A卻照樣發動猛烈攻勢，即使事前沒有約訪的陌生拜訪，她照樣能夠取得大客戶的訂單。

她的工作方式，如果以一句話來表現，就是：「人煙稀少處，才有繁花似錦。」這句話原本是股票市場的格言，與其選擇大家都會去的場所，不如選擇大家都不去的地方，才能看到滿山綻開的櫻花（機會的比喻）。

「人煙稀少處，才有繁花似錦。」不是只有指尋找鮮為人知的祕密小徑，同時也暗指需要勇氣行走沒有道路的地方（沒有前例可循的地方）。

其他業務員避開的推銷區域，當然是嚴苛難以處理的地方。甚至也有即使客氣地應對，仍然像驅趕野貓野狗般拒人於千里之外的企業。然而，一旦能夠突破，就能品嚐更豐美的成功滋味。

在推銷業務上能夠一展長才，以及煩惱無法有所成長的人，他們之間的差異在於是否能夠**去除先入為主的觀念，鼓起勇氣往前跨出一步**；或是死守著先入為主的成見，逃往安全的領域（工作的可能性當然不會因而擴展）。

在成功之前，雖然會有壓力，但直到成功為止都不斷挑戰；還是，避免被拒絕，逃避具有挑戰性的事物，過著平凡的工作人生。

每一項行動的差異，可能微乎其微。但是這樣微小的差距經過半年、一年、三年……就會產生極大的差距，敢於付諸行動者就贏了！

■不設限對象，但要假想最惡劣的狀況

推銷活動一旦產生先入為主的觀念，就很難消除，成見就是這麼容易受毫無根據的印象左右的東西。重要的關鍵在於：出門推銷前的準備或演練，必須先預設最惡劣的狀況；但是，一旦開始行動時，就要讓自己維持能夠順利成功的想像。

賣不出商品的人，往往反其道而行；準備階段時認為「船到橋頭自然直」而偷懶，一旦出門推銷，卻又失去了把商品賣出去的幹勁，無法付諸行動。

準備階段「害怕」也沒關係，這麼一來，就會更小心翼翼地做好準備，而後能夠保有順利成功的自信，一旦遇到決勝負的時刻，才能不畏失敗，大膽行動。

行動 4

業績女王量身改造，突破4種常見瓶頸！

向糟糕社員學習，4張處方擺脫低迷心態，煥然一新

突然這麼問實在很失禮。你曾經在工作上偷懶嗎？我的話……有過喔！賣不出商品的時候，我經常有偷懶怠惰的時候。在成果還沒出現前就早早放棄，輕易就妥協也是精神上的一種怠惰。

在該上班、跑業務的時間，卻跑到其他地方殺時間、睡覺等表面上的怠惰，用不著我說，裝作去工作，實際上卻蹺班偷懶當然不好，從經營者的角度來看，一定會忍不住怒吼：「太不像話！」。

瓶頸1 屢戰屢敗，心生挫折想要逃避

不過，對當事人來說，或許有不能不逃避的原因。只不過，表面上的怠惰養成習慣

後，最令人擔心的是，就算哪一天開始想要認真地開始工作，身體恐怕也無法採取一致的行動。

造成想逃避工作的狀況是什麼呢？是連續好幾天（或是好幾個星期）成績都掛零，以致自我厭惡到了極點？還是在推銷時，受到客戶蠻不講理的對待，心靈嚴重受創，以致無法再喜愛自己的工作？

這些狀況即使不是發生在推銷業務上，當工作時遇到這些狀況，對當事人而言，都是非常痛苦的事。

重要的是，**如何讓自己跨越過渡期**。如果只是短暫的逃避倒也還好，最麻煩的是無法回復。

原本是「因為遇到痛苦的事情，以致苦惱萬分真是可憐」，到頭來變成「盡是偷懶不工作，只拿薪水不做事，真是厚臉皮」，這麼一來，在公司的信用將會喪失，人際關係也會完全崩壞！

處方❶ 主管就是指路明燈，有煩惱，就講出來

「為了讓你盡早重返成功的形象，我願意助你一臂之力。」

如果我是主管，一定會這麼想。當跌倒後想要重新站起來時，接受別人扶你一把也沒關係。

■馬上發洩不愉快，避免影響整天情緒

雖然可能難以啟齒，但不管你怎麼隱瞞，蹺班最後一定會被主管知道，周遭的同事也一定會知道。身為主管，若是事後才知道，為了公私分明一定會譴責部屬。我也是如此。不過，若是當事人相反地主動告訴主管，心裡反而覺得高興。「**連難以啟齒的事都會找我商量**」（這是主管的心聲）。

我認識一個業績相當傑出的業務員，每次在推銷現場一遇到討厭的事，當場就會打電話回來。「你聽我說，竟然發生這種事！嗚——哇！（大哭）」因為立刻發洩了所有的情緒，所以不會讓不愉快的情緒拖延一整天，不愧是業績優秀的業務員！

如果像這樣能夠主動打電話宣洩的人當然很好，但是有些人的個性就是無法完全敞

開來對主管訴苦。拙於言詞的人，往往也不擅長撒嬌。「這種話怎麼可能對主管說」、「如果說出一些不爭氣的話，一定會被罵吧？」在開口之前就顧慮這個顧慮那個，結果苦惱全往肚裡吞。

■你的苦惱，主管都有答案！

不過，**你所苦惱的事，往往是主管曾經煩惱過的**，就是因為克服了那些困境，現在才能坐上今天的位置。

接受醫生治療時，你會付錢是吧？因此，反而能夠毫不介意地接收診療。雖然主管應當不會對你說「請付諮商的費用」，不過你並不需要為剝奪主管的時間而在意。「主管拿到的薪水，包括你的『煩惱解決費用』」你就這麼想吧！這部分的費用，就是讓主管提供給你的建言。

站在主管的立場，也會想知道下屬們有什麼困擾，知道大家的困擾，才能給予支援。否則若是由主管主動問起，「你這陣子好像沒什麼精神，是不是和男朋友吵架了？」可能會得到「性騷擾！」「干涉下屬私生活！」這種回答，還是由你主動找主管商量比較好吧！

不要找同期的業務員，請找主管商量，再不行就找前輩。因為「提不起勁的諮商」若是找同期的人，很容易因而一起陷入鬱悶的氣氛，更何況，同期的人所領的薪水，也不包括你的「煩惱解決費用」。

瓶頸❷ 不知道如何提問，才能讓自己成長

聽到業績表現好的人在談他們「賣出商品的經驗談」時，你能夠立刻了解對方和你的差異在哪裡嗎？如果你不太能夠發現自己與對方的差異，就得特別注意了。

同一公司的業務員、販售同樣的商品，很難發現明顯的差異。因此，若是沒有積極地去發現其中差異，什麼也看不清楚。沒有仔細去看清差異的人，大抵會說出這樣的話：

「這種事我早就知道了」、「我做的也是同樣的事」。

但，結果（業績）不同，過程就一定有差異。觀察同一個推銷高手銷售的過程，不同的人會產生不同的感想。

在其他事業部有一位頂尖的推銷高手，有一次和我們營業處的傑出業務員同行推

銷，他回來後情緒非常亢奮。

■從高手身上看出差距，才會成長

「不管客戶提出多麼刁難的問題，他都先以『肯定』對方的方式接納，轉換話題的方式也很自然。準備讓客戶看的資料也能充分提高客戶的期待，能夠吸引客戶的注意呢！回程時，他回答了我很多疑惑，你看，我的筆記寫了這麼多！」

但是，之後另一個人與我們部門的同一位傑出業務員同行，我卻看到截然不同的反應。

「怎麼樣？有沒有學到什麼呢？」

「總覺得好像很順利就決定簽約了。我本來希望能看到難度更高的促成技巧。如果是我面對像今天那麼好的客戶，我想自己也應當能夠簽下來……」

這就是只看到表面的感想。這麼一來，**難得能夠這麼近距離觀察別人，卻無法吸收好的經驗**，實在是太可惜了。

處方2 分解細節，以「為什麼」詳加提問

能夠交出亮麗的業務成績單的人，在客戶面前的一舉一動及發言，都有他的用意。不論是服裝或攜帶的用品，**不要只是看過就算了，盡量提問吧！**

「為什麼那種情況下會這麼說呢？」

「為什麼這種時候會這麼做呢？」

■關鍵就在細節中，仔細觀察，問就對了

不要忘了問「為什麼」，其中一定有著工作幹練者成功的「關鍵」。

我還在第一線大顯身手時，經常在聚集全國業務員的研修會中，負責進行推銷演練給大家參考。有一次到了休息時間，有一個業務員悄悄過來問我。

「因為我的問題太過基本了，所以剛剛沒有舉手發問……」她說了這句開場白之後，就開始針對我使用的工具提問。

「業務公事包使用『茶色』有什麼特別意義嗎？」

「透明展示夾是哪一種形式？」

「筆談時反向寫下數字是為什麼？」

「女性使用『黑色』大公事包，看起來不是很嚴肅嗎？但是使用色彩過度明亮的用品，客戶也無法放鬆，所以才選擇茶色。不使用紅色透明展示夾，因為紅色含有『禁止』的意思，或許可能因而妨礙客戶的購買意願。數字則是為了在說明過程中，希望更流暢，為了避免每次寫了還要再一次次翻轉給客戶看，所以先練習過，讓客戶看的時候更無阻礙。」

■從提問中找出具體差異

她所問的問題，我都一一認真地回答。其他還有關於「筆呢？」「服裝呢？」等等。像這些問題，如果不是因為有人發問，大概都不會特別說明。這些不但不是基本問題，甚至令我忍不住想讚美他：「你還挺行的嘛！」希望得到詳盡回答的訣竅，就要像這個案例中的發問者一樣，**將詢問對象的行為加以分解**。如果提出「為什麼你能夠賣得這麼好」這類籠統的問題，就只能得到對方說出「嗯……因為我一直很努力吧」這類模糊抽象的答案。

順便說明一點，**業績頂尖的人所做的事沒有「標準」答案**，配合對方的狀況，有可能選擇「黑色」公事包，或是為了避免推銷的味道而故意使用「紙袋」。對象改變，講究的地方也要變通。重要的是必須了解對方的想法。

瓶頸3 下意識把失敗的原因推給別人

「如果我當時的狀況採取這個行動的話……」

推銷過程中可能在某個地方造成命運的分歧，因應客戶的反應或行為，若是採取別的行動，是不是會產生不一樣的狀況呢？

為了不要再重蹈覆轍，像這樣重新檢討「如果當時怎麼樣，結果應該會怎樣」，模擬出不同結果的狀況極為重要。

不過，反省時的主角如果是「別人」，就很難有學習效果。

■除了自己以外的變因太難掌握，不能每次都推給外力

「本來應該可以簽下合約……」

S出門推銷回到辦公室後，經常自言自語地發出大到讓周遭的人也聽得見的嘆息。同事一問他：「怎麼了？」他便立即訴說契約已成泡影的前因後果。

例如合約書簽完後，被某個人突然阻止，或是到了很有簽約希望的客戶那裡，才發現被競爭的同業搶走客戶。

「真是倒楣呢！」

旁人這麼說或許可以消一口悶氣，卻完全於事無補。

業務的結果非黑即白，即使說一萬次「本來應該……」，只要欠缺了臨門一腳，結果就不會是灰色，而是黑色。

處方❸ 用「第一人稱」戒除找藉口的惡習

事情的進展不如自己的預期時，怪罪外在環境或推諉他人，都是在「**推卸責任**」。

這或許是從童年時期養成的習慣，似乎是基於期望他人能夠了解自己而產生的行為。

我也曾在不自覺中有這樣的習慣（第2章提到在大阪發生的那件事，就是如此），我能理解這種忍不住這麼做的心情。

■把推卸責任的話，轉為對自己負責

然而，看到找藉口的人，你會怎麼想？是不是覺得有點遜？而且加以附和的人，結

果都是同樣喜歡尋找藉口的人不是嗎？這種時候，對於煩悶地想著藉口的自己，應當反手一拳打醒自己：「不要再找藉口了！」

為了能夠學會把「推卸責任」的習慣，改變為「自我負責」，下面例文，**把主語改成「我」**，改變說法試試看：

❶客戶沒有向我購買的意願。

❷對手公司比我們公司的價格便宜，所以客戶被搶走了。

改寫後：

❶我沒有設法讓客戶產生向我購買的意願。

❷我沒有向客戶傳達價格以外的商品優勢，所以客戶被搶走了。

以這樣的方式，把主詞改成「自己」或「我」，**若是自己的應對改變，情勢將有什麼樣的變化**，以「假設性」的思考試試看；反省的時候，心的主角應該是「自己」。

瓶頸❹ 整體做好了，卻總是不注重細節

接下來要講一則我的失敗經驗談。

每當我在商品簡介的封底裡蓋公司章（公司或店鋪名、地址、電話號碼等橡皮章）時，曾被客戶斥責過的一句話總是在腦海中迴繞不去，從此，每當蓋印時，我都小心翼翼地避免蓋歪，或墨漬模糊不清。

■印鑑蓋歪，竟讓成交的合約飛了！

那是發生在二十年前的事，我去拜訪京都市內的一家客戶，客戶決定購買我推薦的商品，最後交給必要的文件時，對方看到蓋得有點往右歪斜的公司章，對我說：「你這個人沒辦法好好處理『細節』啊！」

然後，客戶毫不容情地說：「這件合約就當作我們沒談過。」謝謝你，再見。

什麼？合約就這樣沒了？細節？這是怎麼回事？

我拜託客戶，請他務必告訴我究竟是哪裡做錯了。

當時，那位客戶這樣指點我：

你也許認為不過是公司章蓋歪了，何必這麼小題大作？但是我認為**連細節都能顧慮得面面俱到的人或公司才值得信用、來往**。相反的，細節處理不好的人或公司，我什麼事都不願意放手委託。

客戶告訴我緣由，但沒再給我一次挽回的機會，我就這麼離開客戶家。

處方❹ 用最嚴格的標準，先檢視自己

我那時才發現，**對於事情的基準不該以自己的眼光決定，而必須提高到連眼光嚴格的人能夠信任我的水準才行**。

「能力不足所以做不到」和「取巧偷懶」之間的差異，客戶心知肚明。要說人們對於草率行事的地方有什麼想法？連看得到的地方都這麼馬虎，看不到的地方豈不是更草草了事嗎？客戶甚至會因而聯想，對商品、服務品質也產生疑問。

何況，看到交給自己的東西是草率完成的，客戶也會感到不愉快。「原來你認為我就是『這種程度就可以了嗎？』我並沒有被慎重地對待。」

即使沒有被客戶指出缺點，也未必代表自己所做的事，世人都能夠認同。會譴責我們的客戶其實是少數，多數的人都是「默默的消失離去」。

■代表處理能力的小細節，再次檢查！

即使不是自己的缺失，自己是否表現出散漫、隨便的地方，**讓自己養成從客戶的角**

度檢視的習慣吧！

❶印鑑、公司章方方正正地蓋在欄位中央，避免墨水模糊或滲漏。
❷下雨的隔天更換商品手冊或簡介等紙類用品，因為濕氣容易皺巴巴的。
❸不使用免費收到印有宣傳廣告的原子筆，容易給人窮酸的印象。
❹「只要稍覺猶豫，就不做」，正是判斷該行為是否適宜的訣竅。

稍微有點草率？表面看起來有點髒？正確的做法是哪一個？像這樣不知如何判斷時，不是「那就算了吧！」，而是「那就別這麼做」、「查明後再做！」

小結語

突破成交率低迷的瓶頸，主要有4個方法：大方說出自己煩惱、盡可能多問問題、不再推卸責任、重視別人看不到的細節。之後，再搭配符合消費模式的話術，用接納拒絕的原則，絕對可以達到9成以上的成交率！

結語

想做得更好，就是我進步的原動力

我原本所在的公司，因為工作嚴格度之高，被喻為相撲力士最高階、最困難的「橫綱級」。

一聽到公司名稱，就會聽到這樣的問題，「這家公司離職率大概有九成吧？」「能待上一年就很厲害了吧？」這些說法我也很難否認（笑），即使在充滿壓力的推銷界，公司文化仍然顯出它特別的一面。

因此，很多人都感到不可思議，「為什麼妳沒有辭職呢？」

沒有學歷背景，只能咬牙做下去

這不是什麼值得驕傲的事，我根本毫無學歷，只是一個高中輟學的普通人；不管多麼能言善道、或是多麼認真賣命，都無法改變自己的學歷。

雖然有人對我說：「即使有學歷卻沒有工作能力的人多得是，而且沒有學歷卻能賺大錢的人也很多，能力和學歷根本沒有關係。」不過這些話出自高學歷的人嘴裡，所以欠缺說服力。

在這個社會說學歷不算什麼，只是冠冕堂皇的表面話，現實狀況來說，學歷的確很重要。有好幾次工作辛苦到我想辭職的情況（只是想想而已），沒有付諸行動，就是因為我沒辦法拋開自己沒有學歷的現實。

得到一次好成績，就想保持下去

從辛苦的工作中逃避而辭職，只有一瞬間能感受到自由不是嗎？接著就只有品嚐改變不了學經歷現實的痛苦。缺乏能夠換取金錢的技能及專門知識的我，已經沒辦法再說「所賣的商品是青春及活力」的時期，終於來臨。

什麼都好，就是必須產生壓倒性的績效，如果不建造一座誰都不會把學歷當作一回事的金字塔，往後我將無法養活自己，我從內心深處感到恐懼。

但是，終於因為登上頂尖推銷高手，在公司中成為名人時，自我的榮譽感就會不斷地油然而生。

突然被晉升為經理雖然有些不知所措，但取得社會地位般的虛榮心勝過不安，但也因為這樣的自我膨脹，導致失敗的開始。

我當時所在的中央出版營銷部，99％的經理職都是男性。因為是整合訪問型業務部隊而組成、一定要達成業績的工作，男性占多數也很理所當然。一年後，我因為弄壞身體而緊急入院，被卸下過一次經理職而分派到管理部門，兩年後再次由高層任命擔當經理職。

正因學歷不如人，激發好勝榮譽心

有這種待遇已經算很好的，在我二十歲時，社會風氣比現在更以男性為中心。光聽女性經理人的頭銜似乎很特別，但實際上完全不同。若問我身在男性社會中，除了工作以外有沒有其他煩惱，若我說沒有，就是在騙人。

但是，若能在其中磨練自己的工作敏銳度，應當不會對職涯內容產生壞處。成為頂尖推銷員，就是只要自己越是努力，就越是會被公司選派擔當某個任務不是嗎？雖說有很多辛苦的事，雙手推開難得送上門的機會豈不是太傻了。這麼一想，我便答應「請讓我試試看！」在這樣的處境下，對於自身學歷的自卑，或許就是我的原動力。

適者生存，不斷精進，才能脫穎而出

我常思考怎麼從眾人當中脫穎而出一事，大學畢業的人想必也有這個煩惱，畢業於知名大學（即使不是一流學府），經濟方面有一定保障的人而言，或許反而更煩惱著下一餐的著落。

但是，若總是渾渾噩噩的話，從年輕世代或是來自國外有勁幹又有能力的人就會漸漸如雨後春筍冒出，**光靠現在自己擁有的優勢，和他人一決勝負的時代轉眼就過去的話，該怎麼辦？**

你只能比別人更加突出，更有所成長、更加敏銳，這個世界就是適者生存的戰場。

即使像這樣的我，也是藉著「我要試試看」的小小習慣而改變；即使是你，不，正因為是你，應當能夠有所改變。

感謝您讀完本書。感謝本書出版之際，祥傳社的大木瞳給予極大的協助。同時也感謝我仍是上班族時期的主管及部屬、以及目前合作的企業夥伴，本書能夠問世，都是多虧各位給我的淬煉。同時也藉此書，衷心感謝我的家人及過世的母親。

長谷川千波

職場通
003
職場通系列003

5分鐘講完的說服話術筆記本

害羞內向也能成為頂尖業務員的說話公式

人見知り社員がNO.1営業になれた私の方法

作　　者　長谷川千波
譯　　者　卓惠娟
出版發行　核果文化事業有限公司
116台北市羅斯福路五段160號8樓
電話：（02）2932-6098
傳真：（02）2932-3171
電子信箱　acme@acmebook.com.tw
采實集團官網　http://www.acmestore.com.tw/
采實集團粉絲團　http://www.facebook.com/acmebook

主　　編　賴秉薇
業務經理　張純鐘
行銷組長　蔡靜恩
業務專員　邱清暉、李韶婉、賴思蘋
封面設計　張天薪
內文排版　菩薩蠻數位文化有限公司
製版・印刷・裝訂　中茂・明和
法律顧問　第一國際法律事務所 余淑杏律師

ＩＳＢＮ　978-986-8916-56-2
定　　價　280元
出版一刷　2013年9月27日
劃撥帳號　50249912
劃撥戶名　核果文化事業有限公司

國家圖書館出版品預行編目資料

5分鐘講完的說服話術筆記本：害羞內向也能成為頂尖業務員的說話公式／長谷川千波著；卓惠娟譯.- -初版.- -臺北市：核果文化, 民102.9 面； 公分. --（職場通系列；3）譯自：人見知り社員がNO. 1営業になれた私の方法
ISBN 978-986-8916-56-2（平裝）

1.銷售 2.行銷心理學 3.說話藝術
496.5　　102017639

Hito Mishiri Shain Ga No.1 Eigyou ni Nareta Watashino Hoho by Chinami Hasegawa

核果文化
CORE PUBLISHING

廣告回信
台北郵局登記證
台北廣字第04401號
免貼郵票

核果文化 CORE PUBLISHING 核果文化事業有限公司

116台北市文山區羅斯福路五段160號8樓

核果文化讀者服務部　收

讀者服務專線：02-2932-6098

害羞業務員，銷售冠軍的說話公式

5分鐘講完の說服話術筆記本

人見知り社員がNo.1営業になれた私の方法

職場通　系列專用回函

系列：職場通系列003

書名：5分鐘講完的說服話術筆記本

讀者資料（本資料只供出版社內部建檔及寄送必要書訊使用）：

1. 姓名：
2. 性別：☐男　☐女
3. 出生年月日：民國　　年　　月　　日（年齡：　　歲）
4. 教育程度：☐大學以上　☐大學　☐專科　☐高中（職）　☐國中　☐國小以下（含國小）
5. 聯絡地址：
6. 聯絡電話：
7. 電子郵件信箱：
8. 是否願意收到出版物相關資料：☐願意　☐不願意

購書資訊：

1. 您在哪裡購買本書？☐金石堂（含金石堂網路書店）　☐誠品　☐何嘉仁　☐博客來　☐墊腳石　☐其他：__________（請寫書店名稱）
2. 購買本書日期是？____年____月____日
3. 您從哪裡得到這本書的相關訊息？☐報紙廣告　☐雜誌　☐電視　☐廣播　☐親朋好友告知　☐逛書店看到☐別人送的　☐網路上看到
4. 什麼原因讓你購買本書？☐對主題感興趣　☐被書名吸引才買的　☐封面吸引人　☐內容好，想買回去做做看　☐其他：__________（請寫原因）
5. 看過書以後，您覺得本書的內容：☐很好　☐普通　☐差強人意　☐應再加強　☐不夠充實
6. 對這本書的整體包裝設計，您覺得：☐都很好　☐封面吸引人，但內頁編排有待加強　☐封面不夠吸引人，內頁編排很棒　☐封面和內頁編排都有待加強　☐封面和內頁編排都很差

寫下您對本書及出版社的建議：

1. 您最喜歡本書的特點：☐實用簡單　☐包裝設計　☐內容充實
2. 您最喜歡本書中的哪一個章節？原因是？

3. 您最想知道哪些關於自我啟發、職場工作的觀念？

4. 人際溝通、說話技巧、自我學習等，您希望我們出版哪一類型的親子書籍？

NEW ARRIVAL

核果文化 暢銷新書強力推薦

買對增值「中古屋」，比定存多賺20倍！

買對房子，穩穩賺千萬！

徐佳馨◎著

買對新興市場基金，讓你穩賺千萬！

宏觀視點全方面分析，看準投資熱點！

盧冠安◎著

活用零決策管理術，普通員工變身幹練CEO！

聰明的老闆，不做決策

丹尼斯・貝克◎著／楊佳蓉◎譯

NEW ARRIVAL

采實文化　暢銷新書強力推薦

只要5分鐘，迅速進入狀況！別花時間給浪費你生命的人！

丟掉80%的無效工作與人際，效率3級跳！

中島孝志◎著／羊恩媺◎譯

不對立的37個溝通技巧，說對話，就能扭轉情勢！

史上最有效的不吵架溝通術

北川達夫◎著／李佳蓉◎譯

62招讓自己更輕鬆，贏得人心的暗示法則！

掌握人心，下一秒就受歡迎！

內藤誼人◎著／楊明綺◎譯

NEW ARRIVAL

采實文化　暢銷新書強力推薦

短短2週，局部激瘦！
50招「狂瘦POSE」大公開！

長達1公尺，瘦身效果一級棒！

御世話整骨院整療團隊◎監修

蔡麗蓉◎譯

最強！果汁瘦身第2彈！
早上喝果汁，晚上喝湯！

天天喝，速減3公斤！

藤井香江◎著／許慧貞◎譯

350卡激瘦食譜大公開！
餐餐正常吃，2週瘦8公斤！

大口吃肉，永不復胖，照樣瘦！

金漢洙◎著／林侑毅◎譯